AF488593

Después de sufrir un atentado en contra de su ejemplar e intachable carrera profesional, el Ingeniero Israel Laisequilla nos ofrece en esta obra una guía detallada y claramente redactada que nos permite adentrarnos en el mundo de la industria, de la manera tan peculiar como solo el llamado "ingeniero más polémico" logra hacerlo.

INSTRUCCIONES

La información aquí presentada considera el acceso y/o disponibilidad de la información y tecnologías actuales. En caso de requerir más información, formatos y/o ejemplos, su consulta, podría aumentar su confiabilidad gracias a los criterios desarrollados con la obra. Cualquier información adicional, fórmulas y/o videos pueden ser requeridos con el asistente artificial de su preferencia.

todo sobre
Métodos Industriales

TALLER DEL INGE

I. LAISEQUILLA

todo sobre Métodos Industriales

ii

Dedicado con mucho aprecio y respeto a todos los trabajadores de la industria manufacturera.

CONTENIDO

AGRADECIMIENTOS

Este libro ha sido una aventura emocionante y desafiante, llena de altibajos y momentos de creatividad y perseverancia. Pero no podría haber llegado hasta aquí sin el apoyo de algunas personas muy importantes.

En primer lugar, quiero agradecer a mi familia por su amor, paciencia y constante apoyo en todo momento. Gracias por creer en mí, por inspirarme y por ser mi mayor fuente de motivación y consuelo en los momentos difíciles.

También quiero expresar mi profundo agradecimiento al editor, quien desde el principio mostró una fe inquebrantable en mi trabajo. Gracias por su habilidad para entender mi visión y llevarla a la realidad, por su profesionalismo y dedicación para guiar el proceso de edición y publicación de este libro.

Por último, pero no menos importante, quiero agradecer a los lectores que han apoyado este libro y han sido una fuente de inspiración para mí. Gracias por tomarse el tiempo para leer mis palabras, por sus comentarios y críticas constructivas, y por su apoyo inquebrantable a mi trabajo.

Este libro ha sido un trabajo de amor, y espero que, al leerlo, puedan sentir ese amor y pasión que he puesto en cada página. De nuevo, gracias a mi familia, al editor y a los lectores por hacer esto posible. Sin ustedes, este libro no existiría.

Taller del inge

INTRODUCCIÓN A LAS METODOLOGÍAS INDUSTRIALES

En el mundo actual, donde la competencia es cada vez más intensa y globalizada, es fundamental que las empresas mejoren constantemente sus procesos productivos y servicios para mantenerse en el mercado. Las metodologías industriales son una herramienta clave para lograr esta mejora continua.

Las metodologías industriales son técnicas y herramientas que se utilizan para mejorar la calidad de los procesos, reducir los costos, aumentar la productividad y la eficiencia, y maximizar la satisfacción del cliente. Estas metodologías son aplicables a cualquier industria, desde la manufacturera hasta la de servicios, y pueden ser utilizadas en cualquier etapa del ciclo de vida del producto o servicio.

Una metodología industrial es un conjunto estructurado y sistemático de técnicas, herramientas y procesos que se aplican para mejorar la eficacia y la eficiencia de un proceso productivo o servicio. Estas metodologías permiten una gestión efectiva de los recursos, la identificación de problemas y oportunidades de mejora, y la implementación de soluciones que permitan la optimización del proceso.

Existen diversas metodologías industriales, cada una diseñada para abordar necesidades y objetivos específicos. A continuación, se describen algunas de las más comunes:

Lean Manufacturing: se enfoca en la eliminación de desperdicios y la optimización de la producción. El objetivo es mejorar la eficiencia y la calidad del proceso, reduciendo el tiempo y los costos de producción.

Six Sigma: se centra en la reducción de la variabilidad y la mejora de la calidad. El objetivo es lograr procesos estables y predecibles, eliminando defectos y errores en el proceso.

Kaizen: se basa en la mejora continua y la eliminación de pérdidas. El objetivo es fomentar una cultura de mejora constante, donde se identifiquen y eliminen las fuentes de desperdicio y se mejore la calidad del proceso.

Total Quality Management (TQM): se orienta hacia la satisfacción del cliente y la mejora continua de la calidad. El objetivo es lograr una calidad total en todas las áreas de la empresa, desde la producción hasta el servicio al cliente.

Business Process Management (BPM): se enfoca en la optimización de los procesos de negocio. El objetivo es identificar y eliminar los cuellos de botella y las ineficiencias en los procesos, mejorando la eficiencia y la calidad del proceso.

Cada metodología industrial cuenta con una serie de herramientas específicas para su implementación. Por ejemplo, el lean manufacturing utiliza herramientas como el mapeo de flujo de valor y el kanban, mientras que Six Sigma utiliza herramientas como el análisis de causa raíz y el diseño de experimentos.

La implementación de una metodología industrial no es un proceso sencillo, ya que requiere un compromiso y una dedicación constante de toda la organización. Es necesario que la dirección de la empresa defina claramente los objetivos y establezca una estrategia para lograrlos. También es fundamental la formación y capacitación del personal en las herramientas y técnicas de la metodología elegida.

La implementación de una metodología industrial no solo permite la optimización de los procesos productivos, sino que también contribuye a la motivación y satisfacción de los trabajadores, al proporcionarles herramientas y técnicas que les permiten mejorar su desempeño y su aporte a la empresa. Además, la aplicación de estas metodologías puede contribuir a la reducción de los costos y a la mejora de la calidad, lo que puede tener un impacto significativo en la rentabilidad de la empresa.

Las metodologías industriales también permiten una mejor gestión del riesgo en los procesos productivos. Al identificar y abordar los problemas y oportunidades de mejora, se reduce la posibilidad de errores y fallas en el proceso, lo que a su vez disminuye el riesgo de rechazos de productos y servicios, disminución de la satisfacción del cliente y pérdida de ingresos.

Por otro lado, las metodologías industriales también pueden contribuir a la sostenibilidad ambiental y social de la empresa. Al reducir el desperdicio y la ineficiencia en los procesos, se disminuye el consumo de recursos naturales y energéticos, lo que puede tener un impacto positivo en el medio ambiente. Además, la mejora de la calidad y la satisfacción del cliente pueden contribuir a la reputación y la responsabilidad social de la empresa.

En resumen, las metodologías industriales son una herramienta clave para lograr la mejora continua de los procesos productivos y servicios de una empresa. Estas metodologías permiten la optimización de los recursos, la reducción de los costos, el aumento de la productividad y la satisfacción del cliente, la gestión del riesgo, la sostenibilidad ambiental y social, y la mejora de la rentabilidad de la empresa.

Es importante destacar que la implementación de una metodología industrial no es un proceso aislado, sino que requiere un compromiso constante de toda la organización. Es necesario que la dirección de la empresa defina claramente los objetivos y establezca una estrategia para lograrlos, y que se involucre a todos los niveles de la organización en el proceso. Además, es fundamental la formación y capacitación del personal en las herramientas y técnicas de la metodología elegida, así como la medición y seguimiento constante de los resultados para asegurar la mejora continua.

HISTORIA DE LAS METODOLOGÍAS INDUSTRIALES Y SU EVOLUCIÓN

La evolución de las metodologías industriales ha sido una constante a lo largo de la historia. Desde la revolución industrial hasta nuestros días, las empresas han buscado mejorar sus procesos para hacerlos más eficientes y efectivos. En este capítulo se describirá la evolución de las metodologías industriales a lo largo del tiempo, desde los primeros sistemas de producción artesanales hasta las técnicas modernas de gestión empresarial.

La producción artesanal

Antes de la revolución industrial, la mayoría de los productos se fabricaban de manera artesanal. Los trabajadores se encargaban de realizar todas las etapas del proceso de producción, desde la adquisición de las materias primas hasta la venta del producto final. Esta forma de producción era muy limitada en cuanto a la cantidad de productos que se podían fabricar, y los productos eran de una calidad variable.

Sin embargo, la producción artesanal también tenía sus ventajas. Los trabajadores tenían un conocimiento profundo de los procesos de producción, lo que les permitía realizar ajustes y mejoras sobre la marcha. Además, los productos eran únicos y personalizados, lo que les daba un valor añadido.

La revolución industrial y la producción en masa

Con la llegada de la revolución industrial, se produjo un cambio radical en la forma en que se fabricaban los productos. Los avances tecnológicos permitieron la creación de máquinas que podían realizar tareas repetitivas de manera mucho más rápida y eficiente que los trabajadores manuales. Este fue el inicio de la producción en masa.

La producción en masa permitió la fabricación de grandes cantidades de productos de manera rápida y eficiente. Además, los productos eran de una calidad constante, lo que mejoró la confiabilidad de los productos. Sin embargo, la producción en masa también tenía sus desventajas. Los productos eran iguales entre sí, lo que hacía que perdieran su carácter único y personalizado. Además, el ritmo de producción era muy rápido, lo que hacía que los trabajadores se sintieran como meros engranajes de la máquina.

El Taylorismo y la gestión científica

El Taylorismo es una metodología de gestión empresarial desarrollada por Frederick Winslow Taylor a principios del siglo XX. Esta metodología se basaba en la observación y análisis de los procesos productivos con el fin de mejorar la eficiencia y la productividad.

Taylor creía que la gestión empresarial debía ser una ciencia, y que los procesos productivos podían ser estudiados de manera objetiva y analítica. Para ello, desarrolló una serie de técnicas y herramientas, como el estudio de tiempos y movimientos, el análisis de las tareas, la estandarización de los procesos y la selección y entrenamiento de los trabajadores.

El Taylorismo tuvo un gran impacto en la industria, ya que permitió la mejora de la eficiencia y la productividad en los procesos productivos. Sin embargo, también tuvo sus detractores, que lo acusaban de convertir a los trabajadores en meros robots y de reducir su creatividad e iniciativa.

El Fordismo y la producción en cadena

El Fordismo es una metodología de gestión empresarial desarrollada por Henry Ford en la década de 1910. Esta metodología se basaba en la producción en cadena, un sistema de producción en el que las tareas de producción estaban divididas en tareas específicas y repetitivas, que eran realizadas por trabajadores especializados. De esta manera, se lograba una mayor eficiencia y se reducían los costos de producción.

El Fordismo tuvo un gran impacto en la industria, especialmente en la producción de automóviles. La producción en cadena permitió la fabricación de grandes cantidades de vehículos a un costo más bajo, lo que hizo que los automóviles fueran más accesibles para la población en general.

Sin embargo, la producción en cadena también tenía sus desventajas. Los trabajadores realizaban tareas muy específicas y repetitivas, lo que podía resultar monótono y aburrido. Además, la producción en cadena requería una gran inversión en maquinaria y equipamiento, lo que hacía que las empresas fueran muy dependientes de la demanda del mercado.

La era de la calidad total y la mejora continua

En la década de 1950, surgieron nuevas metodologías de gestión empresarial que se centraban en la mejora continua y la calidad total. Estas metodologías se basaban en la idea de que la mejora continua era esencial para mantener la competitividad en el mercado.

Una de las metodologías más importantes de esta época fue el Sistema Toyota de Producción, desarrollado por la empresa japonesa Toyota. Este sistema se basaba en la mejora continua de los procesos productivos y la eliminación de los desperdicios, con el objetivo de mejorar la eficiencia y la calidad de los productos.

El Sistema Toyota de Producción tuvo un gran impacto en la industria, y se convirtió en una referencia para otras empresas en todo el mundo. Además, sentó las bases para la metodología Lean, que se centraba en la eliminación de los desperdicios y la mejora continua.

La calidad total también fue una metodología importante en esta época. Esta metodología se basaba en la idea de que la calidad debía ser una prioridad en todos los aspectos de la empresa, desde la adquisición de las materias primas hasta la venta del producto final. Para ello, se desarrollaron técnicas y herramientas, como el control estadístico de la calidad y la certificación ISO.

La era digital y la industria moderna

En la actualidad, estamos viviendo una nueva revolución industrial, conocida como la industria moderna. Esta revolución se basa en la digitalización y la automatización de los procesos productivos, con el objetivo de mejorar la eficiencia y la productividad.

La industria moderna se basa en tecnologías como el Internet de las cosas, la inteligencia artificial y el análisis de datos. Estas tecnologías permiten la conexión y la comunicación entre los diferentes equipos y sistemas, lo que permite una mayor coordinación y eficiencia en los procesos productivos.

Además, la industria moderna también se centra en la personalización de los productos. Gracias a la digitalización y la automatización, es posible fabricar productos personalizados de manera eficiente y rentable.

Conclusiones

La evolución de las metodologías industriales ha sido una constante a lo largo de la historia. Desde los sistemas de producción artesanales hasta la industria moderna, las empresas han buscado mejorar sus procesos para hacerlos más eficientes y efectivos.

Cada una de las metodologías descritas en este capítulo tiene sus ventajas y desventajas, y han sido implementadas en diferentes momentos de la historia según las necesidades de las empresas y los avances tecnológicos disponibles.

En la actualidad, la industria moderna está transformando la manera en que se produce y se consume, con una mayor eficiencia y personalización de los productos. Sin embargo, también plantea nuevos desafíos en cuanto a la formación de los trabajadores y la adaptación a los cambios tecnológicos.

Es importante destacar que, más allá de las metodologías específicas, lo fundamental en la industria ha sido siempre la mejora continua y la búsqueda de la eficiencia en los procesos. Esto ha permitido a las empresas adaptarse a los cambios del mercado y mantenerse competitivas a lo largo del tiempo.

En definitiva, la historia de las metodologías industriales es un reflejo de la evolución de la industria y de la sociedad en general. Cada nueva metodología ha sido un avance en términos de eficiencia y productividad, pero también ha planteado nuevos desafíos y ha requerido una adaptación por parte de las empresas y los trabajadores. La industria sigue avanzando y es probable que surjan nuevas metodologías y tecnologías en el futuro, pero la necesidad de mejora continua y eficiencia seguirá siendo una constante en la historia industrial.

CONCEPTOS BÁSICOS DE LAS METODOLOGÍAS INDUSTRIALES

Las metodologías industriales son un conjunto de técnicas y herramientas que se utilizan para mejorar los procesos de producción en las empresas y aumentar su eficiencia y productividad. Estas metodologías se han desarrollado a lo largo de los años para adaptarse a las necesidades de cada empresa y sector, y se basan en principios como la mejora continua, la eliminación de desperdicios y la optimización de los recursos.

En este capítulo se presentarán los conceptos básicos de las metodologías industriales más comunes, como Lean Manufacturing, Six Sigma, Kaizen y Total Quality Management (TQM). Se explicarán los principios fundamentales de cada una de ellas y se compararán para ayudar a los gerentes y profesionales a elegir la metodología más adecuada para su empresa.

Lean Manufacturing

Lean Manufacturing es una metodología que se centra en la eliminación de desperdicios y la optimización de los procesos de producción. Esta metodología se basa en el concepto de que cualquier actividad que no agregue valor al producto o servicio es un desperdicio y debe ser eliminada.

La metodología Lean se enfoca en la reducción de los siete tipos de desperdicios: sobreproducción, tiempo de espera, transporte, procesos innecesarios, inventario excesivo, movimiento innecesario y defectos. Para lograrlo, se utilizan herramientas como el flujo de valor, la estandarización de procesos, el justo a tiempo (JIT), el sistema Kanban y la mejora continua.

El flujo de valor es una herramienta que permite identificar las actividades que agregan valor y las que no lo hacen en el proceso de producción. Con esta información, se pueden eliminar los desperdicios y optimizar el proceso de producción. La estandarización de procesos se utiliza para asegurarse de que todos los empleados sigan los mismos pasos en el proceso de producción, lo que ayuda a reducir los errores y la variabilidad.

El sistema Justo a Tiempo (JIT) es un sistema que se utiliza para minimizar el inventario y reducir el costo de almacenamiento. En lugar de producir grandes cantidades de productos y almacenarlos, se produce la cantidad necesaria en el momento en que se necesita. El sistema Kanban se utiliza para gestionar la producción y el inventario. Se utiliza un sistema de tarjetas para indicar cuándo se necesita producir más unidades de un producto.

La mejora continua es un proceso que implica la identificación y eliminación de los desperdicios de manera constante. Esto se logra a través de la formación de equipos de mejora continua, la implementación de un sistema de retroalimentación y la participación de todos los empleados en la mejora de los procesos.

Six Sigma

Six Sigma es una metodología que se centra en la reducción de la variabilidad y la eliminación de defectos en los procesos de producción. El objetivo de Six Sigma es lograr un proceso en el que el número de defectos sea inferior a 3,4 por millón de oportunidades.

La metodología Six Sigma se basa en el modelo DMAIC (Definir, Medir, Analizar, Mejorar, Controlar), que es un enfoque sistemático para la mejora de procesos. El primer paso es definir el problema y establecer los objetivos del proyecto. El siguiente paso es medir la variabilidad del proceso y recopilar datos para identificar los puntos críticos. Después se realiza un análisis detallado de los datos para identificar las causas raíz de los problemas. Con esta información, se pueden diseñar soluciones para mejorar el proceso. Finalmente, se establecen controles para asegurarse de que el proceso se mantenga en el nivel de calidad deseado.

En Six Sigma, se utilizan herramientas como el diagrama de Ishikawa, la matriz FMEA (Análisis de Modo y Efecto de Fallas), la capacidad del proceso y el análisis de correlación para identificar y resolver problemas en el proceso de producción.

Kaizen

Kaizen es una metodología que se centra en la mejora continua y se basa en el concepto de que cualquier proceso puede ser mejorado. La metodología Kaizen se enfoca en la mejora de los procesos a través de pequeños cambios constantes en lugar de grandes cambios de una sola vez.

En Kaizen, se utilizan herramientas como el análisis de flujo de procesos, el trabajo estandarizado, los equipos de mejora y la eliminación de desperdicios para mejorar los procesos. El análisis de flujo de procesos permite identificar las actividades que no agregan valor y eliminarlas. El trabajo estandarizado se utiliza para asegurarse de que todos los empleados sigan los mismos pasos en el proceso de producción.

Los equipos de mejora son grupos de empleados que se reúnen regularmente para identificar y resolver problemas en los procesos de producción. La eliminación de desperdicios es una práctica constante en Kaizen que se centra en la eliminación de cualquier actividad que no agregue valor.

Total Quality Management (TQM)

Total Quality Management (TQM) es una metodología que se enfoca en la calidad en todos los aspectos de la empresa, no solo en la producción. TQM se basa en el concepto de que la calidad es responsabilidad de todos los empleados y no solo de los trabajadores de producción.

En TQM, se utilizan herramientas como la planificación de calidad, el control de calidad, la mejora continua y la satisfacción del cliente para mejorar la calidad en toda la empresa. La planificación de calidad se enfoca en establecer objetivos de calidad y desarrollar un plan para alcanzarlos. El control de calidad se utiliza para asegurarse de que los productos o servicios cumplan con los estándares de calidad establecidos.

La mejora continua se enfoca en la identificación y eliminación de desperdicios en todos los aspectos de la empresa. La satisfacción del cliente se enfoca en garantizar que los productos o servicios cumplan con las expectativas del cliente.

Comparación de las metodologías

Cada una de las metodologías industriales mencionadas tiene sus fortalezas y debilidades. Lean Manufacturing se enfoca en la eliminación de desperdicios y la optimización de los procesos de producción, pero puede no ser adecuado para empresas que producen productos altamente personalizados. Six Sigma se enfoca en la reducción de la variabilidad y la eliminación de defectos, pero puede ser costoso de implementar.

Kaizen se enfoca en la mejora continua a través de pequeños cambios constantes, lo que lo hace adecuado para empresas que buscan mejorar sus procesos de manera constante y no de una sola vez. TQM se enfoca en la calidad en todos los aspectos de la empresa, lo que lo hace adecuado para empresas que buscan mejorar su calidad en todos los aspectos de su operación.

En términos de implementación, Lean Manufacturing y Kaizen son relativamente fáciles de implementar, ya que se enfocan en pequeños cambios y mejoras constantes en el proceso de producción. Six Sigma y TQM, por otro lado, requieren una mayor inversión en tiempo y recursos para su implementación.

En cuanto a los resultados, Lean Manufacturing y Kaizen tienden a producir resultados rápidos y tangibles en términos de reducción de desperdicios y mejora de la eficiencia. Six Sigma y TQM pueden tomar más tiempo para producir resultados tangibles, pero pueden producir mejoras significativas en la calidad del producto o servicio.

Es importante destacar que ninguna de estas metodologías es una solución única para todas las empresas y situaciones. Cada empresa debe analizar sus necesidades específicas y elegir la metodología que mejor se adapte a sus necesidades.

Conclusiones

En resumen, las metodologías industriales son enfoques sistemáticos y estructurados que se utilizan para mejorar la eficiencia y la calidad en la producción. Hay varias metodologías industriales, incluyendo Lean Manufacturing, Six Sigma, Kaizen y TQM, cada una con sus fortalezas y debilidades.

El objetivo de Lean Manufacturing es eliminar los desperdicios en el proceso de producción y optimizar los procesos. Six Sigma se enfoca en la reducción de la variabilidad y la eliminación de defectos en el proceso de producción. Kaizen se enfoca en la mejora continua a través de pequeños cambios constantes, mientras que TQM se enfoca en la calidad en todos los aspectos de la empresa.

Cada empresa debe analizar sus necesidades específicas y elegir la metodología que mejor se adapte a sus necesidades. También es importante tener en cuenta que la implementación de estas metodologías requiere una inversión significativa en tiempo y recursos, y que los resultados pueden tomar tiempo en producirse. Sin embargo, una vez implementadas, estas metodologías pueden producir mejoras significativas en la eficiencia y la calidad de la producción.

IMPORTANCIA DE LAS METODOLOGÍAS INDUSTRIALES EN LA MEJORA CONTINUA DE PROCESOS

El rugido ensordecedor de las máquinas llenaba la planta de producción, mientras los trabajadores se movían con destreza, realizando sus tareas diarias en un baile bien coordinado. Sin embargo, a pesar del constante zumbido de la actividad industrial, algo no parecía estar funcionando del todo bien.

Ese era el caso de la empresa ABC, una fábrica de productos electrónicos que había estado experimentando problemas con su línea de producción. Los retrasos en la entrega y la calidad inconsistente de los productos habían llevado a la empresa a perder clientes y a sufrir una disminución en sus ingresos. En busca de una solución, el equipo de gestión de ABC decidió implementar metodologías industriales en su proceso de producción.

La mejora continua de procesos a través de metodologías industriales ha sido una herramienta valiosa para las empresas en todo el mundo. Estas metodologías permiten a las empresas optimizar sus procesos de producción y mejorar la eficiencia en su cadena de suministro, lo que se traduce en una mayor satisfacción del cliente y mayores ganancias. En este capítulo, exploraremos la importancia de las metodologías industriales en la mejora continua de procesos y cómo pueden ser implementadas con éxito en una empresa.

¿Qué son las metodologías industriales?

Las metodologías industriales son un conjunto de técnicas y herramientas que se utilizan para mejorar los procesos de producción en una empresa. Estas metodologías están diseñadas para ayudar a las empresas a optimizar sus operaciones y mejorar la calidad de sus productos, lo que se traduce en una mayor satisfacción del cliente y mayores ganancias.

Existen varias metodologías industriales populares, cada una con sus propias fortalezas y debilidades. Algunas de las metodologías industriales más comunes incluyen:

Lean Manufacturing: esta metodología se centra en la eliminación de cualquier actividad que no agregue valor al proceso de producción, lo que permite a las empresas reducir los costos y mejorar la calidad de sus productos.

Six Sigma: esta metodología se enfoca en la reducción de la variabilidad en los procesos de producción, lo que ayuda a las empresas a mejorar la calidad de sus productos y a reducir los costos asociados con los defectos.

Theory of Constraints: esta metodología se enfoca en la identificación de los cuellos de botella en el proceso de producción y la implementación de soluciones para eliminarlos, lo que permite a las empresas mejorar la eficiencia en su cadena de suministro.

Total Productive Maintenance: esta metodología se enfoca en la mejora del mantenimiento de los equipos de producción, lo que permite a las empresas reducir el tiempo de inactividad y mejorar la eficiencia en su proceso de producción.

5S: esta metodología se enfoca en la organización y limpieza del área de trabajo, lo que ayuda a las empresas a mejorar la seguridad en el lugar de trabajo y la eficiencia en el proceso de producción.

La elección de la metodología industrial adecuada dependerá de los objetivos específicos de la empresa y de las áreas que se deseen mejorar en su proceso de producción.

La importancia de las metodologías industriales en la mejora continua de procesos

Las metodologías industriales son esenciales para la mejora continua de procesos en una empresa. Al implementar estas metodologías, las empresas pueden mejorar la calidad de sus productos, reducir los costos y mejorar la eficiencia en su cadena de suministro. Esto, a su vez, puede llevar a una mayor satisfacción del cliente y mayores ganancias.

Además, las metodologías industriales también ayudan a las empresas a identificar y resolver problemas en sus procesos de producción de manera más rápida y eficiente. Esto es especialmente importante en un entorno empresarial cada vez más competitivo, donde la velocidad y la eficiencia son clave para el éxito.

Otro beneficio de las metodologías industriales es que promueven la colaboración y el trabajo en equipo entre los empleados de la empresa. Al trabajar juntos para identificar y resolver problemas en el proceso de producción, los empleados pueden desarrollar una comprensión más profunda de los procesos y mejorar su capacidad para trabajar juntos de manera efectiva.

Cómo implementar metodologías industriales en una empresa

La implementación de metodologías industriales en una empresa puede ser un proceso complejo, pero hay algunas pautas generales que las empresas pueden seguir para garantizar el éxito de su implementación.

Identificar los objetivos: es importante que la empresa identifique claramente los objetivos que desea lograr al implementar una metodología industrial. ¿Está buscando reducir los costos, mejorar la calidad de los productos o mejorar la eficiencia en su cadena de suministro? Una vez que se hayan identificado los objetivos, será más fácil seleccionar la metodología industrial adecuada para lograrlos.

Formación: es importante que los empleados de la empresa reciban la formación adecuada sobre la metodología industrial que se va a implementar. Esto les permitirá entender la metodología, sus beneficios y cómo pueden contribuir a su éxito.

Comunicación: es importante que la empresa comunique claramente la implementación de la metodología industrial a todos los empleados. Esto les permitirá entender por qué se está implementando la metodología, qué se espera de ellos y cómo pueden contribuir a su éxito.

Identificación y solución de problemas: es importante que la empresa identifique los problemas en su proceso de producción y los resuelva antes de implementar la metodología industrial. Esto asegurará que la implementación de la metodología sea más efectiva.

Monitoreo y evaluación: es importante que la empresa monitoree y evalúe la implementación de la metodología industrial para asegurarse de que se están logrando los objetivos deseados. Esto permitirá a la empresa realizar ajustes si es necesario y asegurarse de que la metodología se está implementando de manera efectiva.

Conclusión

Las metodologías industriales son esenciales para la mejora continua de procesos en una empresa. Al implementar estas metodologías, las empresas pueden mejorar la calidad de sus productos, reducir los costos y mejorar la eficiencia en su cadena de suministro. Además, las metodologías industriales también ayudan a las empresas a identificar y resolver problemas en sus procesos de producción de manera más rápida y eficiente. Al seguir algunas pautas generales, las empresas pueden implementar metodologías industriales con éxito y mejorar su proceso de producción de manera efectiva.

TIPOS DE METODOLOGÍAS INDUSTRIALES Y SUS APLICACIONES

La industria ha evolucionado significativamente en los últimos años, y con ella han surgido una variedad de metodologías que buscan mejorar la eficiencia y calidad de los procesos industriales. En este capítulo, se explorarán algunas de las metodologías más utilizadas en la industria, junto con sus aplicaciones y beneficios.

Metodologías industriales:

Lean Manufacturing:

El Lean Manufacturing es una metodología que se enfoca en reducir los tiempos de producción y eliminar los desperdicios en el proceso. Esta metodología se basa en la eliminación de cualquier actividad que no agregue valor al producto o servicio final. Algunas de las herramientas utilizadas en esta metodología son el Kanban, la producción justa a tiempo (JIT) y la mejora continua.

Una de las aplicaciones más conocidas del Lean Manufacturing es en la fabricación de automóviles. Toyota fue una de las primeras empresas en adoptar esta metodología, lo que les permitió mejorar la calidad y eficiencia de su producción. Hoy en día, muchas empresas utilizan esta metodología para optimizar sus procesos y mejorar su rentabilidad.

Six Sigma:

El Six Sigma es otra metodología que busca mejorar la calidad de los procesos industriales. Esta metodología se enfoca en la eliminación de defectos en los procesos y en la reducción de la variabilidad. El objetivo del Six Sigma es alcanzar un nivel de calidad casi perfecto en la producción.

El Six Sigma utiliza una metodología estadística para medir la calidad y reducir los defectos en los procesos. Esta metodología se divide en cinco fases: Definir, Medir, Analizar, Mejorar y Controlar (DMAIC, por sus siglas en inglés). Algunas de las herramientas utilizadas en el Six Sigma son la gráfica de control, el análisis de Pareto y la regresión lineal.

El Six Sigma ha sido utilizado con éxito en la industria alimentaria, en la fabricación de dispositivos médicos y en la producción de componentes electrónicos. Empresas como General Electric y Motorola han implementado esta metodología en sus procesos, lo que les ha permitido mejorar la calidad de sus productos y reducir los costos de producción.

Total Productive Maintenance (TPM):

El Total Productive Maintenance (TPM) es una metodología que se enfoca en la mejora de la eficiencia de los equipos industriales. Esta metodología se basa en la prevención de fallos en los equipos y en la mejora continua de los mismos. El objetivo del TPM es reducir el tiempo de inactividad de los equipos y mejorar su productividad.

El TPM se divide en ocho pilares: Mejora enfocada, Mantenimiento autónomo, Mantenimiento planificado, Capacitación y educación, Mantenimiento de calidad, Mantenimiento de seguridad, Mantenimiento administrativo y Mejora continua. Cada uno de estos pilares se enfoca en una área específica del mantenimiento de los equipos.

El TPM ha sido utilizado con éxito en la industria manufacturera, en la producción de alimentos y en la industria química. Empresas como Coca-Cola y Toyota han implementado esta metodología en sus procesos, lo que les ha permitido mejorar la eficiencia de sus equipos y reducir los costos de mantenimiento.

Quick Response Manufacturing (QRM):

El Quick Response Manufacturing es una metodología que se enfoca en la reducción del tiempo de respuesta en la producción y en la eliminación de los tiempos de espera en el proceso. Esta metodología se basa en la eliminación de los cuellos de botella en la producción y en la reducción de los tiempos de cambio de herramientas. Algunas de las herramientas utilizadas en el QRM son el análisis de flujo de valor y la gestión de la capacidad.

El QRM ha sido utilizado con éxito en la industria de la fabricación, en la producción de alimentos y en la industria de la salud. Empresas como Harley-Davidson y L'Oréal han implementado esta metodología en sus procesos, lo que les ha permitido reducir el tiempo de entrega de sus productos y mejorar la satisfacción del cliente.

Design for Six Sigma (DFSS):

El Design for Six Sigma es una metodología que se enfoca en la mejora de la calidad del diseño de los productos. Esta metodología se basa en la identificación y eliminación de las causas de los defectos en el diseño. Algunas de las herramientas utilizadas en el DFSS son el análisis de riesgos y la evaluación de la voz del cliente.

El DFSS ha sido utilizado con éxito en la industria automotriz, en la producción de dispositivos médicos y en la industria de la electrónica. Empresas como Ford y Philips han implementado esta metodología en sus procesos de diseño, lo que les ha permitido mejorar la calidad de sus productos y reducir los costos de producción.

Theory of Constraints (TOC):

La Theory of Constraints es una metodología que se enfoca en la identificación y eliminación de los cuellos de botella en la producción. Esta metodología se basa en la identificación de la restricción más crítica en el proceso y en la eliminación de los impedimentos que limitan la producción. Algunas de las herramientas utilizadas en la TOC son el análisis de la cadena crítica y la gestión de inventarios.

La TOC ha sido utilizada con éxito en la industria manufacturera, en la producción de alimentos y en la industria de la salud. Empresas como Procter & Gamble y Eli Lilly han implementado esta metodología en sus procesos, lo que les ha permitido identificar los cuellos de botella en la producción y mejorar la eficiencia de sus procesos.

Conclusión:

La implementación de estas metodologías en la industria puede llevar a una mejora significativa en la eficiencia y calidad de los procesos, lo que se traduce en una mayor rentabilidad y satisfacción del cliente. Cada una de estas metodologías se enfoca en un área específica de mejora, pero todas tienen en común la búsqueda de la excelencia en la producción.

Es importante destacar que no existe una metodología perfecta, y que cada empresa debe evaluar cuál es la más adecuada para sus procesos y objetivos. La implementación de estas metodologías requiere un cambio en la cultura empresarial, una inversión en capacitación y la participación activa de todos los empleados.

En definitiva, la aplicación de estas metodologías en la industria puede ser la clave para mejorar la eficiencia y calidad de los procesos, lo que se traduce en una mayor rentabilidad y satisfacción del cliente. Es importante que las empresas estén dispuestas a invertir en la implementación de estas metodologías y en la capacitación de su personal para asegurar su éxito a largo plazo.

PROCESOS Y PROCEDIMIENTOS DE LAS METODOLOGÍAS INDUSTRIALES

En el mundo industrial, la eficiencia y la productividad son fundamentales para lograr el éxito. Para ello, se han desarrollado diversas metodologías que buscan mejorar los procesos y procedimientos de las empresas, con el objetivo de optimizar la utilización de los recursos y reducir los costos. En este capítulo, exploraremos las principales metodologías industriales y cómo pueden aplicarse en diferentes ámbitos empresariales.

La optimización de los procesos y procedimientos puede ser un desafío complejo para las empresas. En un entorno en constante cambio, es importante contar con herramientas y estrategias que permitan adaptarse rápidamente a las nuevas demandas del mercado y mantener una posición competitiva. A continuación, veremos las metodologías más populares y cómo se aplican en la industria.

Metodología Lean Manufacturing

La metodología Lean Manufacturing, también conocida como producción ajustada, es una técnica que se enfoca en la eliminación de todo aquello que no agrega valor al proceso productivo. Esta técnica nació en Japón en la década de los 50, gracias a Toyota y su sistema de producción. El objetivo principal de esta metodología es reducir los costos, aumentar la eficiencia y mejorar la calidad de los productos.

La metodología Lean Manufacturing se basa en cinco principios fundamentales:

Identificar el valor: El primer paso es determinar cuál es el valor que se ofrece al cliente y cómo se puede mejorar este valor.

Mapear el flujo de valor: Una vez identificado el valor, se debe analizar el proceso productivo para identificar las actividades que agregan valor y las que no.

Crear flujo continuo: Se trata de eliminar las actividades que no agregan valor y crear un flujo de trabajo continuo.

Establecer una producción pull: En lugar de producir en función de la demanda, se produce en función del consumo real, evitando así la acumulación de inventarios.

Buscar la perfección: El objetivo final es la mejora continua del proceso, eliminando todas las actividades que no agregan valor y mejorando las que sí lo hacen.

La aplicación de la metodología Lean Manufacturing puede ser beneficiosa para las empresas, ya que permite reducir costos, mejorar la eficiencia y aumentar la calidad de los productos. Además, esta metodología se puede aplicar en cualquier tipo de empresa, independientemente de su tamaño o sector.

Metodología Six Sigma

La metodología Six Sigma es una técnica que busca mejorar la calidad de los procesos productivos y reducir los errores o defectos en los productos. Esta metodología se basa en un enfoque sistemático y riguroso para identificar y corregir los problemas en el proceso productivo.

El objetivo principal de la metodología Six Sigma es reducir la variación en el proceso productivo, para así lograr un producto final más consistente y de mayor calidad. Para ello, se establecen dos niveles de calidad:

Sigma 6: El objetivo es reducir los defectos en un 99,99966%, lo que se traduce en solo 3,4 defectos por millón de productos.

Sigma 3: El objetivo es reducir los defectos en un 93,32%, lo que se traduce en 66.800 defectos por millón de productos.

La metodología Six Sigma se basa en cinco fases:

Definir: En esta fase se establecen los objetivos y los alcances del proyecto, se identifican los clientes y se establecen los requerimientos del proceso productivo.

Medir: En esta fase se mide la variación del proceso productivo y se establecen los indicadores de calidad.

Analizar: En esta fase se analizan los datos recopilados y se identifican las causas de los problemas o defectos.

Mejorar: En esta fase se implementan las soluciones para mejorar el proceso productivo y se llevan a cabo pruebas para evaluar su efectividad.

Controlar: En esta fase se establecen medidas para mantener los cambios implementados y se monitorea el proceso productivo para asegurarse de que se mantenga dentro de los estándares de calidad establecidos.

La metodología Six Sigma puede ser beneficioso para las empresas, ya que permite reducir los errores y defectos en los productos, mejorar la calidad y reducir los costos. Además, se enfoca en el cliente y en la satisfacción de sus necesidades, lo que puede mejorar la reputación de la empresa y aumentar la fidelidad del cliente.

Metodología 5S

La metodología 5S es una técnica que se enfoca en la organización y limpieza de los espacios de trabajo. Esta técnica fue desarrollada en Japón por Toyota, como parte de su sistema de producción.

La metodología 5S se basa en cinco principios:

Clasificar: Se trata de identificar y separar los elementos necesarios de los innecesarios en el espacio de trabajo.

Ordenar: Una vez que se han identificado los elementos necesarios, se organizan de manera que sean fáciles de encontrar y usar.

Limpiar: Se trata de mantener el espacio de trabajo limpio y ordenado, para evitar la acumulación de residuos y suciedad.

Estandarizar: Se establecen procedimientos y estándares para mantener el espacio de trabajo limpio y ordenado de manera constante.

Sostener: Se trata de mantener el espacio de trabajo limpio y ordenado de manera constante, mediante la implementación de procedimientos y estándares.

La metodología 5S puede ser beneficiosa para las empresas, ya que permite mejorar la organización y limpieza del espacio de trabajo, lo que puede aumentar la eficiencia y la productividad. Además, puede mejorar la seguridad en el lugar de trabajo, al reducir los riesgos de accidentes y lesiones.

Conclusión

En conclusión, las metodologías industriales son herramientas valiosas para mejorar los procesos y procedimientos de las empresas. La metodología Lean Manufacturing permite eliminar las actividades que no agregan valor y crear un flujo de trabajo continuo, lo que puede reducir los costos y mejorar la eficiencia. La metodología Six Sigma se enfoca en mejorar la calidad y reducir los errores y defectos en los productos, lo que puede aumentar la satisfacción del cliente y mejorar la reputación de la empresa. La metodología 5S se enfoca en la organización y limpieza del espacio de trabajo, lo que puede aumentar la eficiencia y la seguridad en el lugar de trabajo. Cada una de estas metodologías puede aplicarse en diferentes ámbitos empresariales, independientemente del tamaño o sector de la empresa. Es importante recordar que la aplicación de estas metodologías requiere compromiso y dedicación por parte de la empresa y de sus empleados, pero los beneficios pueden ser significativos en términos de eficiencia, calidad y rentabilidad.

Es recomendable que las empresas evalúen sus necesidades y objetivos específicos antes de elegir una metodología industrial a implementar. Además, es importante que la empresa proporcione la capacitación y el apoyo necesarios a sus empleados para asegurar una implementación exitosa.

Por último, es importante recordar que las metodologías industriales no son soluciones mágicas para resolver todos los problemas de una empresa. Estas herramientas son útiles, pero deben ser implementadas de manera estratégica y adaptarse a las necesidades y objetivos específicos de la empresa. La clave del éxito es el compromiso y la dedicación constante a la mejora continua.

En resumen, las metodologías industriales son un conjunto de técnicas y herramientas que se utilizan para mejorar los procesos y procedimientos de las empresas. La metodología Lean Manufacturing se enfoca en eliminar las actividades que no agregan valor y crear un flujo de trabajo continuo. La metodología Six Sigma se enfoca en mejorar la calidad y reducir los errores y defectos en los productos. La metodología 5S se enfoca en la organización y limpieza del espacio de trabajo. Cada una de estas metodologías puede aplicarse en diferentes ámbitos empresariales y puede ser beneficiosa para mejorar la eficiencia, la calidad y la rentabilidad. La aplicación exitosa de estas metodologías requiere compromiso y dedicación por parte de la empresa y de sus empleados, y deben ser adaptadas a las necesidades y objetivos específicos de la empresa.

HERRAMIENTAS Y TÉCNICAS DE LAS METODOLOGÍAS INDUSTRIALES

Las metodologías industriales son herramientas y técnicas que las empresas pueden utilizar para mejorar la calidad, eficiencia y rentabilidad de sus procesos de producción. Estas metodologías se basan en la identificación y eliminación de desperdicios, problemas y errores en los procesos de producción.

Las metodologías industriales son un conjunto de herramientas y técnicas que las empresas pueden utilizar para mejorar sus procesos de producción y aumentar su rentabilidad. Algunas de las metodologías industriales más comunes incluyen Lean Manufacturing, Six Sigma, Total Quality Management, Justo a Tiempo (JIT), Poka-yoke y Kaizen. Cada metodología se enfoca en aspectos específicos de la producción, pero todas tienen en común el objetivo de mejorar la calidad, la eficiencia y la rentabilidad de los procesos.

Lean Manufacturing

El Lean Manufacturing es una metodología que se enfoca en la eliminación de desperdicios en la producción. Los desperdicios son cualquier cosa que no agregue valor al producto o al proceso de producción. Los desperdicios pueden incluir tiempos de espera, movimiento innecesario, sobreproducción, defectos, exceso de inventario, entre otros.

El proceso de Lean Manufacturing implica la identificación y eliminación de desperdicios en la producción. Los trabajadores utilizan herramientas y técnicas como el Value Stream Mapping y el Análisis de Flujo de Proceso para identificar los desperdicios en la producción y diseñar procesos más eficientes.

El Lean Manufacturing es especialmente útil para las empresas que producen grandes cantidades de productos similares. Al eliminar los desperdicios en la producción, las empresas pueden reducir los costos y mejorar la eficiencia de los procesos.

Six Sigma

Six Sigma es una metodología utilizada para mejorar la calidad de los productos y procesos de producción. Se basa en la idea de que los errores y problemas en los procesos de producción pueden ser identificados y eliminados mediante el análisis de datos y la implementación de soluciones.

El proceso de Six Sigma implica la definición, medición, análisis, mejora y control (DMAIC) de los procesos de producción. Los trabajadores utilizan herramientas y técnicas como el Análisis de Causa Raíz y el Diseño de Experimentos para identificar los problemas en la producción y diseñar soluciones para mejorar la calidad y eficiencia de los procesos.

Six Sigma es especialmente útil para las empresas que producen productos de alta calidad que requieren un proceso de producción preciso y bien definido. Al mejorar la calidad de los productos y procesos de producción, las empresas pueden aumentar la satisfacción del cliente y mejorar su reputación en el mercado.

Total Quality Management (TQM)

Total Quality Management (TQM) es una metodología utilizada para mejorar la calidad de los productos y procesos de producción mediante la implementación de un enfoque de calidad en toda la empresa. Se basa en la idea de que la calidad es responsabilidad de todos los trabajadores y departamentos de la empresa.

El proceso de TQM implica la identificación y eliminación de problemas y desperdicios en todos los procesos de la empresa. Los trabajadores utilizan herramientas y técnicas como el Análisis de Pareto y el Diagrama de Ishikawa para identificar los problemas y diseñar soluciones para mejorar la calidad y eficiencia de los procesos.

TQM es especialmente útil para las empresas que buscan mejorar la calidad de sus productos y procesos de producción en todos los departamentos y procesos de la empresa. Al implementar un enfoque de calidad en toda la empresa, las empresas pueden mejorar la satisfacción del cliente y la reputación de la empresa.

Justo a Tiempo (JIT)

Justo a Tiempo (JIT) es una metodología utilizada para mejorar la eficiencia de los procesos de producción mediante la entrega de materiales, piezas y componentes justo en el momento en que son necesarios para la producción. Se basa en la idea de que el exceso de inventario y la sobreproducción son desperdicios que pueden ser eliminados mediante la entrega justo a tiempo.

El proceso de JIT implica la identificación y eliminación de desperdicios en la producción mediante la entrega justo a tiempo de materiales, piezas y componentes. Los trabajadores utilizan herramientas y técnicas como el Kanban y el Flujo Continuo para diseñar procesos más eficientes y reducir el tiempo de espera y los costos de producción.

JIT es especialmente útil para las empresas que producen productos con una demanda variable. Al reducir el exceso de inventario y la sobreproducción, las empresas pueden reducir los costos y mejorar la eficiencia de los procesos de producción.

Poka-yoke

Poka-yoke es una metodología utilizada para prevenir errores y problemas en la producción mediante la implementación de dispositivos y sistemas de prevención de errores. Se basa en la idea de que los errores en la producción son inevitables, pero pueden ser prevenidos mediante la implementación de sistemas y dispositivos de prevención de errores.

El proceso de Poka-yoke implica la identificación de errores y problemas en la producción y el diseño e implementación de dispositivos y sistemas de prevención de errores. Los trabajadores utilizan herramientas y técnicas como el Diseño de Poka-yoke para diseñar procesos más eficientes y reducir los errores y problemas en la producción.

Poka-yoke es especialmente útil para las empresas que producen productos complejos y de alta calidad que requieren un proceso de producción preciso y bien definido. Al prevenir errores y problemas en la producción, las empresas pueden mejorar la calidad de los productos y reducir los costos de producción.

Kaizen

Kaizen es una metodología utilizada para lograr la mejora continua en los procesos de producción mediante la implementación de pequeñas mejoras en los procesos de producción. Se basa en la idea de que la mejora continua es un proceso constante y que las pequeñas mejoras en los procesos de producción pueden sumar grandes mejoras a lo largo del tiempo.

El proceso de Kaizen implica la identificación y eliminación de desperdicios y problemas en los procesos de producción mediante la implementación de pequeñas mejoras en los procesos. Los trabajadores utilizan herramientas y técnicas como el Kaizen Blitz y el Análisis de Valor para diseñar procesos más eficientes y reducir los desperdicios y problemas en la producción.

Kaizen es especialmente útil para las empresas que buscan lograr la mejora continua en sus procesos de producción a lo largo del tiempo. Al implementar pequeñas mejoras en los procesos de producción, las empresas pueden lograr grandes mejoras en la calidad, eficiencia y rentabilidad de sus procesos de producción.

Conclusión

En resumen, las metodologías industriales son herramientas y técnicas que las empresas pueden utilizar para mejorar la calidad, eficiencia y rentabilidad de sus procesos de producción. La implementación de estas metodologías puede ayudar a las empresas a reducir los costos de producción, mejorar la calidad de los productos y aumentar la satisfacción del cliente.

Las seis metodologías descritas en este capítulo son solo algunas de las muchas herramientas y técnicas disponibles para mejorar los procesos de producción en las empresas. Cada empresa debe evaluar sus propias necesidades y objetivos y seleccionar las herramientas y técnicas que mejor se adapten a sus necesidades.

Es importante destacar que la implementación de estas metodologías no es un proceso único, sino que debe ser un proceso continuo de mejora. Las empresas deben estar dispuestas a adaptarse y cambiar sus procesos de producción a medida que cambian las necesidades y objetivos del negocio.

Además, la implementación exitosa de estas metodologías requiere un compromiso por parte de la dirección de la empresa y la colaboración de todos los empleados. Todos los miembros del equipo deben estar dispuestos a aprender nuevas herramientas y técnicas y trabajar juntos para implementar cambios en los procesos de producción.

En última instancia, la implementación de estas metodologías industriales puede ayudar a las empresas a mejorar la calidad de sus productos, reducir los costos de producción y mejorar la eficiencia de sus procesos de producción. Esto puede llevar a un aumento en la satisfacción del cliente, una mejor reputación de la empresa y un aumento en la rentabilidad del negocio a largo plazo.

SELECCIÓN DE LA METODOLOGÍA INDUSTRIAL ADECUADA PARA CADA PROYECTO

La metodología industrial es un conjunto de técnicas, herramientas y procesos utilizados para diseñar, desarrollar y mejorar productos y procesos industriales. La selección de la metodología adecuada es esencial para el éxito del proyecto, ya que puede afectar la eficiencia del proceso, los costos y la calidad del producto final.

En este capítulo, se describirán cinco metodologías industriales comunes: el diseño para la manufacturabilidad (DFM), la ingeniería concurrente, el diseño para la calidad (DFQ), la metodología Lean y la metodología Six Sigma. Además, se proporcionarán ejemplos de cómo se pueden aplicar estas metodologías en diferentes proyectos industriales.

Diseño para la manufacturabilidad (DFM)

El diseño para la manufacturabilidad (DFM) es una metodología que se centra en el diseño de productos para que sean fáciles y económicos de fabricar. Esta metodología se utiliza para reducir los costos de producción y mejorar la calidad del producto final.

Un ejemplo de cómo se puede aplicar la metodología DFM es en la producción de piezas de plástico. En este proyecto, se puede utilizar la metodología DFM para diseñar piezas que sean fáciles de moldear, lo que reduce el tiempo y el costo de producción. Por ejemplo, se puede diseñar la pieza de tal manera que se necesite una cantidad mínima de materiales y que sea fácil de extraer del molde sin causar daños en la pieza.

Ingeniería concurrente

La ingeniería concurrente es una metodología que se utiliza para acelerar el desarrollo del producto al involucrar a todas las partes interesadas en el proceso de diseño desde el principio. Esta metodología se utiliza para mejorar la eficiencia del proceso y reducir el tiempo de desarrollo.

Un ejemplo de cómo se puede aplicar la metodología de ingeniería concurrente es en el diseño de un nuevo producto electrónico. En este proyecto, se pueden involucrar a todas las partes interesadas en el proceso de diseño desde el principio, como los ingenieros, los diseñadores, los proveedores y los usuarios finales. Al trabajar juntos, las partes interesadas pueden identificar y resolver problemas rápidamente, lo que reduce el tiempo de desarrollo y mejora la calidad del producto final.

Diseño para la calidad (DFQ)

El diseño para la calidad (DFQ) es una metodología que se utiliza para diseñar productos de alta calidad desde el principio. Esta metodología se utiliza para mejorar la calidad del producto final y reducir los costos de producción y los tiempos de ciclo.

Un ejemplo de cómo se puede aplicar la metodología DFQ es en la producción de automóviles. En este proyecto, se puede utilizar la metodología DFQ para diseñar automóviles que sean seguros, confiables y de alta calidad. El diseño para la calidad puede ayudar a identificar problemas potenciales en el diseño y prevenir defectos de calidad en la fase de producción. Por ejemplo, se pueden utilizar herramientas de análisis de riesgos para identificar y mitigar los riesgos de seguridad en el diseño del automóvil.

Metodología Lean

La metodología Lean es un enfoque que se centra en la eliminación de desperdicios y la mejora continua. Esta metodología es adecuada para proyectos en los que se busca reducir los costos y aumentar la productividad, al tiempo que se mejora la calidad del producto final.

Un ejemplo de cómo se puede aplicar la metodología Lean es en la producción de alimentos. En este proyecto, se pueden identificar los procesos que no agregan valor, como los tiempos de espera, los movimientos innecesarios y el transporte de materiales. Se pueden aplicar técnicas Lean, como el Kaizen (mejora continua), el Just-in-Time (producción ajustada) y el Value Stream Mapping (mapeo del flujo de valor) para reducir los costos, mejorar la eficiencia y aumentar la calidad del producto final.

Metodología Six Sigma

La metodología Six Sigma es un enfoque estadístico para la mejora de procesos que se utiliza para reducir los defectos y mejorar la calidad del producto final. Esta metodología se basa en la recopilación y análisis de datos para identificar y eliminar las causas raíz de los problemas en el proceso.

Un ejemplo de cómo se puede aplicar la metodología Six Sigma es en la producción de dispositivos médicos. En este proyecto, se pueden identificar los procesos que causan defectos y se pueden recopilar datos para analizar el rendimiento del proceso. La metodología Six Sigma utiliza herramientas estadísticas para identificar las causas raíz de los problemas y mejorar el proceso para reducir los defectos y aumentar la calidad del producto final.

Selección de la metodología adecuada

La selección de la metodología adecuada depende del tipo de proyecto y de los objetivos del negocio. A continuación, se presentan algunos factores a considerar al seleccionar una metodología industrial:

Tipo de proyecto: el tipo de proyecto puede influir en la elección de la metodología adecuada. Por ejemplo, la metodología Lean puede ser adecuada para proyectos de producción en masa, mientras que la metodología Six Sigma puede ser más adecuada para proyectos de mejora continua.

Objetivos del negocio: los objetivos del negocio pueden influir en la elección de la metodología adecuada. Por ejemplo, si el objetivo del negocio es reducir los costos, la metodología Lean puede ser más adecuada. Si el objetivo es mejorar la calidad, la metodología DFQ o Six Sigma pueden ser más adecuadas.

Recursos disponibles: los recursos disponibles, como el tiempo, el presupuesto y la experiencia del personal, pueden influir en la elección de la metodología adecuada. Algunas metodologías pueden requerir más recursos que otras, por lo que es importante considerar la disponibilidad de recursos antes de seleccionar una metodología.

Cultura empresarial: la cultura empresarial puede influir en la elección de la metodología adecuada. Por ejemplo, si la cultura empresarial valora la mejora continua, la metodología Six Sigma puede ser más adecuada. Si la cultura empresarial valora la eficiencia, la metodología Lean puede ser más adecuada.

Conclusión

En conclusión, la selección de la metodología adecuada es esencial para el éxito del proyecto. La metodología industrial adecuada puede mejorar la eficiencia del proceso, reducir los costos y mejorar la calidad del producto final. Al seleccionar una metodología industrial, es importante considerar el tipo de proyecto, los objetivos del negocio, los recursos disponibles y la cultura empresarial. Las metodologías descritas en este capítulo, el diseño para la manufacturabilidad (DFM), la ingeniería concurrente, el diseño para la calidad (DFQ), la metodología Lean y Six Sigma, son solo algunas de las muchas opciones disponibles para seleccionar una metodología adecuada. Es importante realizar una evaluación cuidadosa de cada metodología y seleccionar la que mejor se adapte a las necesidades y objetivos del proyecto.

Además, es importante tener en cuenta que la metodología industrial seleccionada no es una solución única para todos los problemas. Cada proyecto es único y puede requerir una combinación de diferentes metodologías para lograr los mejores resultados.

Por último, es importante destacar que la implementación exitosa de una metodología industrial no solo depende de la elección de la metodología adecuada, sino también de la planificación, la ejecución y el seguimiento adecuados del proyecto. La capacitación adecuada del personal, la asignación de recursos adecuados y la evaluación constante del proceso son fundamentales para el éxito del proyecto.

En resumen, la selección de la metodología adecuada es esencial para mejorar la eficiencia del proceso, reducir los costos y mejorar la calidad del producto final en proyectos industriales. La elección de la metodología adecuada depende del tipo de proyecto, los objetivos del negocio, los recursos disponibles y la cultura empresarial. Al seleccionar una metodología, es importante realizar una evaluación cuidadosa y tener en cuenta que cada proyecto es único y puede requerir una combinación de diferentes metodologías para lograr los mejores resultados. Además, la planificación, la ejecución y el seguimiento adecuados del proyecto son fundamentales para el éxito de la implementación de la metodología seleccionada.

IMPLEMENTACIÓN DE METODOLOGÍAS INDUSTRIALES EN LA EMPRESA

La implementación de metodologías industriales en la empresa es un proceso clave para mejorar la eficiencia y la productividad en la producción. Las metodologías industriales son técnicas y herramientas que se utilizan para mejorar los procesos y reducir los costos. Algunas de las metodologías industriales más populares incluyen Lean Manufacturing, Six Sigma, Teoría de las Restricciones y Total Productive Maintenance (TPM).

Para implementar una metodología industrial en la empresa, se deben seguir varios pasos importantes. En primer lugar, es esencial identificar las necesidades y objetivos de la empresa. Se deben establecer objetivos claros y específicos, como reducir los costos, mejorar la calidad de los productos, aumentar la eficiencia en la producción, entre otros. Además, es importante que todos los empleados entiendan los objetivos de la metodología y cómo se aplicará en su trabajo diario.

El siguiente paso en la implementación de metodologías industriales es identificar y analizar los procesos empresariales existentes. Esto incluye la identificación de los cuellos de botella, los puntos de ineficiencia y los desperdicios en la producción. Se deben realizar análisis detallados de cada proceso para identificar las áreas de mejora.

Una vez que se han identificado los problemas en los procesos, se deben diseñar e implementar mejoras. Esto puede incluir la reorganización de los procesos, la eliminación de desperdicios, la automatización de los procesos y la mejora de la calidad. Es importante involucrar a los empleados en la implementación de las mejoras para asegurar su éxito.

Después de implementar las mejoras, es importante monitorear y controlar los procesos para asegurar que se estén logrando los objetivos. Se deben establecer indicadores de rendimiento clave y se deben realizar análisis periódicos para evaluar el éxito de las mejoras. Si se identifican problemas, se deben realizar ajustes y mejoras adicionales.

La implementación de metodologías industriales puede ser un proceso desafiante, pero puede ser una herramienta poderosa para mejorar la eficiencia y la productividad. Es importante evaluar cuidadosamente las metodologías y seleccionar la que mejor se adapte a las necesidades y objetivos de la empresa. La capacitación y educación de los empleados es clave para asegurar el éxito de la implementación.

A continuación, se presentan algunos ejemplos de empresas que han implementado metodologías industriales con éxito:

Toyota: Toyota es una de las empresas más exitosas en la implementación de Lean Manufacturing. La empresa ha utilizado esta metodología para mejorar la eficiencia en la producción y reducir los costos. La implementación de Lean Manufacturing ha permitido a Toyota producir más vehículos con menos recursos y mejorar la calidad de sus productos. La empresa también ha implementado Total Productive Maintenance (TPM) para mejorar la eficiencia y la calidad en la producción.

General Electric: General Electric ha implementado la metodología Six Sigma en toda su empresa. Esta metodología ha permitido a la empresa mejorar la calidad de sus productos y servicios, reducir los costos y aumentar la eficiencia en la producción. La implementación de Six Sigma ha sido clave en la transformación de GE en una empresa más enfocada en la calidad y la eficiencia. La empresa también ha implementado la metodología Design for Six Sigma (DFSS) para mejorar la calidad en el diseño de productos y servicios.

Nestlé: Nestlé ha implementado la metodología Total Productive Maintenance (TPM) en sus operaciones de producción en todo el mundo. Esta metodología ha permitido a la empresa reducir los costos y mejorar la eficiencia en la producción. Nestlé también ha utilizado la metodología Lean Manufacturing para eliminar desperdicios en la producción y mejorar la calidad de sus productos.

Boeing: Boeing ha implementado la metodología Teoría de las Restricciones en su producción de aviones. Esta metodología ha permitido a la empresa identificar y eliminar los cuellos de botella en la producción, lo que ha mejorado la eficiencia y reducido los costos. Boeing también ha utilizado la metodología Lean Manufacturing para mejorar la eficiencia en la producción y reducir los tiempos de espera.

Amazon: Amazon ha implementado la metodología Lean Manufacturing en sus operaciones de logística y almacenamiento. La empresa ha utilizado esta metodología para reducir los tiempos de espera y mejorar la eficiencia en la entrega de productos. Amazon también ha utilizado la metodología Six Sigma para mejorar la calidad de sus servicios y reducir los errores en la entrega de productos.

En resumen, la implementación de metodologías industriales en la empresa es esencial para mejorar la eficiencia, reducir los costos y mejorar la calidad de los productos y servicios. La selección de la metodología adecuada debe basarse en las necesidades y objetivos de la empresa, y debe involucrar a todos los empleados para asegurar su éxito. Las empresas que han implementado metodologías industriales con éxito han logrado mejoras significativas en la eficiencia, la calidad y la rentabilidad.

EVALUACIÓN Y SEGUIMIENTO DE LA EFICACIA DE LAS METODOLOGÍAS INDUSTRIALES

Las reuniones de revisión de la metodología son una herramienta efectiva para llevar a cabo el seguimiento de la eficacia de la metodología industrial. En estas reuniones, se revisan los KPIs (Key Performance Indicators por sus siglas in inglés, Indicadores Clave de Desempeño o simplemente Indicadores Clave) y se discuten los resultados obtenidos. Además, se identifican oportunidades de mejora y se establecen planes de acción para implementar cambios.

Es importante que estas reuniones se lleven a cabo de forma constante y que se involucren a todos los miembros del equipo para asegurar que se estén cumpliendo los objetivos y para fomentar la colaboración en la implementación de cambios.

Durante estas reuniones, es necesario revisar y analizar los KPIs que se han establecido para evaluar el desempeño de la metodología industrial. Estos KPIs pueden incluir aspectos como el tiempo de producción, la calidad del producto, el rendimiento de la maquinaria y el cumplimiento de las normas de seguridad. Es importante que estos KPIs se establezcan de forma clara y que se definan objetivos específicos para cada uno de ellos.

Además, en estas reuniones se pueden identificar oportunidades de mejora en los procesos y en la implementación de la metodología industrial. Es importante que se fomenten las ideas y sugerencias de todos los miembros del equipo para identificar estas oportunidades y para establecer planes de acción para implementar cambios.

En resumen, las reuniones de revisión de la metodología son una herramienta esencial para llevar a cabo el seguimiento de la eficacia de las metodologías industriales. Es importante que se lleven a cabo de forma constante, que se revisen los KPIs y que se identifiquen oportunidades de mejora para implementar cambios y lograr una mejora continua en los procesos de la empresa.

Auditorías internas

Las auditorías internas son una herramienta valiosa para evaluar el cumplimiento de los estándares de calidad y para identificar oportunidades de mejora en la metodología industrial. Estas auditorías se llevan a cabo de forma regular y se enfocan en evaluar la eficiencia de los procesos, la calidad del producto y el cumplimiento de las normas establecidas.

Es importante que las auditorías se realicen de forma imparcial y que se involucren a todos los miembros del equipo para asegurar que se estén cumpliendo los objetivos de la metodología industrial. Durante las auditorías, se deben revisar todos los aspectos de la metodología industrial, desde la calidad del producto hasta la eficiencia de los procesos.

Es importante que se establezcan objetivos claros para las auditorías y que se establezcan planes de acción para implementar cambios. Además, es fundamental que se realice un seguimiento constante para asegurar que se estén implementando los cambios y que se estén cumpliendo los objetivos establecidos.

En resumen, las auditorías internas son una herramienta esencial para evaluar el cumplimiento de los estándares de calidad y para identificar oportunidades de mejora en la metodología industrial. Es importante que se realicen de forma regular, que se involucren a todos los miembros del equipo y que se establezcan planes de acción para implementar cambios y lograr una mejora continua en los procesos de la empresa.

Encuestas de satisfacción del cliente

Las encuestas de satisfacción del cliente son una herramienta valiosa para evaluar la eficacia de la metodología industrial desde la perspectiva del cliente. Estas encuestas se enfocan en medir el nivel de satisfacción del cliente con los productos y servicios de la empresa, así como la eficiencia de los procesos y el cumplimiento de las expectativas.

Es importante que estas encuestas se lleven a cabo de forma regular y que se involucren a todos los clientes para asegurar que se estén cumpliendo sus expectativas y para identificar oportunidades de mejora en la metodología industrial. Además, es importante que se establezcan objetivos claros para las encuestas y que se establezcan planes de acción para implementar cambios basados en los resultados obtenidos.

Las encuestas de satisfacción del cliente deben incluir preguntas que evalúen aspectos como la calidad del producto, la eficiencia del servicio, la atención al cliente y el cumplimiento de las expectativas. Es importante que se establezcan preguntas específicas para evaluar cada uno de estos aspectos y que se brinde la oportunidad de incluir comentarios adicionales para obtener información detallada y específica.

En resumen, las encuestas de satisfacción del cliente son una herramienta esencial para evaluar la eficacia de la metodología industrial desde la perspectiva del cliente. Es importante que se lleven a cabo de forma regular, que se involucren a todos los clientes y que se establezcan planes de acción para implementar cambios basados en los resultados obtenidos.

Análisis de datos

El análisis de datos es una herramienta esencial para llevar a cabo el seguimiento de la eficacia de la metodología industrial. Este análisis se enfoca en recolectar y analizar datos relacionados con el desempeño de los procesos y la calidad del producto para identificar patrones y tendencias.

Es importante que se recolecten datos de forma constante y que se establezcan objetivos claros para el análisis de datos. Además, es importante que se involucren a todos los miembros del equipo para asegurar que se estén cumpliendo los objetivos y para fomentar la colaboración en la implementación de cambios.

Durante el análisis de datos, es necesario identificar patrones y tendencias para evaluar el desempeño de los procesos y la calidad del producto. Estos patrones y tendencias pueden incluir aspectos como el tiempo de producción, la eficiencia de la maquinaria y la calidad del producto. Es importante que se establezcan objetivos específicos para cada uno de estos aspectos y que se implementen cambios basados en los resultados obtenidos.

En resumen, el análisis de datos es una herramienta esencial para llevar a cabo el seguimiento de la eficacia de las metodologías industriales. Es importante que se recolecten datos de forma constante, que se establezcan objetivos claros y que se implementen cambios basados en los resultados obtenidos.

Implementación de cambios

La implementación de cambios es esencial para lograr una mejora continua en los procesos de la empresa y para asegurar la eficacia de las metodologías industriales. Es importante que se establezcan planes de acción para implementar cambios basados en los resultados obtenidos de las reuniones de revisión de la metodología industrial, las encuestas de satisfacción del cliente y el análisis de datos.

Los planes de acción deben ser específicos y detallados, y deben incluir objetivos claros, plazos de tiempo y responsabilidades claras para cada miembro del equipo involucrado. Además, es importante que se establezcan métricas para evaluar el éxito de los cambios implementados y que se lleve a cabo un seguimiento constante para asegurar que se estén cumpliendo los objetivos establecidos.

Es importante también que se fomente la colaboración entre los miembros del equipo en la implementación de cambios y que se brinden oportunidades para la capacitación y el desarrollo profesional para asegurar que todos estén alineados y comprometidos con la mejora continua de los procesos.

En resumen, la implementación de cambios es esencial para lograr una mejora continua en los procesos de la empresa y para asegurar la eficacia de las metodologías industriales. Es importante que se establezcan planes de acción específicos y detallados, que se establezcan métricas para evaluar el éxito de los cambios implementados y que se fomente la colaboración y el desarrollo profesional de los miembros del equipo.

Conclusión

La evaluación y seguimiento de la eficacia de las metodologías industriales es esencial para lograr una mejora continua en los procesos de la empresa y para asegurar la satisfacción del cliente y la eficiencia de los procesos. Las reuniones de revisión de la metodología industrial, las encuestas de satisfacción del cliente, el análisis de datos y la implementación de cambios son herramientas esenciales para llevar a cabo este proceso de evaluación y seguimiento.

Es importante que se establezcan objetivos claros y planes de acción específicos para cada una de estas herramientas, y que se fomente la colaboración y el desarrollo profesional de los miembros del equipo para asegurar el éxito en la implementación de cambios y la mejora continua de los procesos.

En conclusión, la evaluación y seguimiento de la eficacia de las metodologías industriales son procesos continuos que requieren de un compromiso constante y una mentalidad de mejora continua por parte de todos los miembros del equipo.

COMUNICACIÓN Y COLABORACIÓN EN LA IMPLEMENTACIÓN DE LAS METODOLOGÍAS INDUSTRIALES

La implementación de metodologías industriales es un proceso que busca mejorar la eficiencia y la productividad en una empresa. Estas metodologías involucran la aplicación de herramientas y técnicas específicas para mejorar los procesos y sistemas de la empresa. Sin embargo, para que la implementación de estas metodologías sea exitosa, es fundamental que exista una buena comunicación y colaboración entre los diferentes departamentos y equipos de la empresa. En este capítulo, se explorará la importancia de la comunicación y colaboración en la implementación de metodologías industriales.

Comunicación en la implementación de metodologías industriales:

La comunicación es un factor clave en la implementación de metodologías industriales, ya que permite a los diferentes departamentos y equipos de la empresa trabajar juntos para lograr los objetivos comunes. La comunicación efectiva permite a los equipos trabajar juntos de manera más eficiente, identificar y resolver problemas de manera más rápida y tomar decisiones informadas.

En el contexto de la implementación de metodologías industriales, la comunicación debe ser bidireccional. Esto significa que no solo es importante que los gerentes y líderes se comuniquen con los empleados, sino que también es importante que los empleados puedan comunicarse con los gerentes y líderes. La comunicación bidireccional permite a los empleados expresar sus ideas, preocupaciones y preguntas, lo que puede ayudar a mejorar la implementación de las metodologías industriales.

Además, es importante que la comunicación en la implementación de metodologías industriales sea clara y concisa. La comunicación clara ayuda a evitar malentendidos y reduce la posibilidad de errores. También es importante que la comunicación se realice en un lenguaje que sea comprensible para todos los miembros del equipo, ya que esto ayuda a garantizar que todos tengan una comprensión común de los objetivos y los procesos involucrados.

Colaboración en la implementación de metodologías industriales:

La colaboración es otro factor clave en la implementación de metodologías industriales. La colaboración se refiere a la capacidad de los diferentes departamentos y equipos de la empresa para trabajar juntos para lograr objetivos comunes. En el contexto de la implementación de metodologías industriales, la colaboración puede ayudar a garantizar que todos los miembros del equipo estén alineados con los objetivos y trabajen juntos para lograrlos.

La colaboración efectiva en la implementación de metodologías industriales implica la participación activa de todos los miembros del equipo. Esto significa que todos los miembros del equipo deben ser conscientes de sus roles y responsabilidades y deben trabajar juntos para lograr los objetivos comunes. Además, es importante que se establezcan canales de comunicación claros y eficaces para facilitar la colaboración entre los miembros del equipo.

Otro aspecto importante de la colaboración en la implementación de metodologías industriales es la capacidad de los miembros del equipo para compartir información y conocimientos. Esto puede ayudar a mejorar la calidad de los procesos y sistemas de la empresa y garantizar que todos los miembros del equipo tengan una comprensión común de los procesos y objetivos involucrados.

Beneficios de una buena comunicación y colaboración en la implementación de metodologías industriales:

La buena comunicación y colaboración en la implementación de metodologías industriales pueden generar una serie de beneficios para la empresa, incluyendo:

Mejora de la eficiencia: Cuando los diferentes departamentos y equipos de la empresa trabajan juntos y comparten información, se puede mejorar la eficiencia en la empresa. Los miembros del equipo pueden identificar y resolver problemas de manera más rápida y eficiente, lo que puede reducir el tiempo que se tarda en completar una tarea o proyecto. Además, la colaboración puede ayudar a identificar áreas de mejora en los procesos, lo que puede llevar a una mayor eficiencia en el futuro.

Reducción de errores: La buena comunicación y colaboración también pueden ayudar a reducir errores. Al tener una comprensión común de los procesos y objetivos, los miembros del equipo pueden evitar malentendidos y tomar decisiones informadas. Esto puede llevar a una reducción en los errores, lo que puede ahorrar tiempo y recursos en la corrección de errores y la retrabajo.

Mejora de la productividad: La implementación de metodologías industriales tiene como objetivo mejorar la productividad en la empresa. La buena comunicación y colaboración pueden ayudar a garantizar que todos los miembros del equipo estén trabajando juntos hacia los mismos objetivos, lo que puede mejorar la productividad en general. Además, cuando los miembros del equipo están trabajando juntos de manera más eficiente, pueden completar más tareas en menos tiempo, lo que puede mejorar aún más la productividad.

Mejora del ambiente laboral: La comunicación y colaboración efectiva pueden mejorar el ambiente laboral en la empresa. Al trabajar juntos hacia objetivos comunes, los miembros del equipo pueden desarrollar relaciones más fuertes y colaborativas, lo que puede mejorar la moral y la satisfacción laboral. Cuando los empleados se sienten valorados y tienen una relación positiva con sus compañeros de trabajo, es más probable que sean más productivos y estén dispuestos a contribuir a la empresa a largo plazo.

Mejora de la calidad: La buena comunicación y colaboración pueden ayudar a mejorar la calidad de los procesos y sistemas de la empresa. Al compartir información y conocimientos, los miembros del equipo pueden identificar áreas de mejora y trabajar juntos para mejorar la calidad en general. Además, cuando los empleados están trabajando juntos de manera más eficiente y efectiva, pueden asegurarse de que los procesos y sistemas se estén siguiendo correctamente, lo que puede mejorar la calidad de los productos y servicios de la empresa.

Mayor innovación: La comunicación y colaboración también pueden fomentar la innovación en la empresa. Al trabajar juntos y compartir ideas, los miembros del equipo pueden generar nuevas ideas y soluciones a problemas existentes. La colaboración efectiva puede ayudar a identificar oportunidades para mejorar y evolucionar los procesos y sistemas existentes, lo que puede conducir a innovaciones significativas en la empresa.

Mejora de la satisfacción del cliente: La buena comunicación y colaboración pueden ayudar a mejorar la satisfacción del cliente. Al trabajar juntos para mejorar la calidad de los productos y servicios de la empresa, los miembros del equipo pueden asegurarse de que los clientes reciban los mejores productos y servicios posibles. Además, cuando los empleados están trabajando juntos de manera más eficiente y efectiva, pueden asegurarse de que los pedidos se completen en tiempo y forma, lo que puede mejorar aún más la satisfacción del cliente.

Mayor adaptabilidad: La buena comunicación y colaboración también pueden ayudar a las empresas a ser más adaptables a los cambios en el mercado y en la industria. Al trabajar juntos y compartir información, los miembros del equipo pueden identificar y responder más rápidamente a los cambios en la demanda del mercado, las nuevas tendencias y los avances en la tecnología. La capacidad de adaptarse rápidamente a estos cambios puede ser una ventaja competitiva para la empresa.

Mejora del liderazgo: La buena comunicación y colaboración pueden mejorar la capacidad de liderazgo en la empresa. Los líderes que fomentan la colaboración y la comunicación efectiva pueden crear un ambiente laboral positivo y colaborativo. Además, cuando los líderes están involucrados en la comunicación y colaboración, pueden identificar oportunidades para mejorar y liderar el cambio en la empresa.

Ahorro de tiempo y recursos: La buena comunicación y colaboración pueden ayudar a ahorrar tiempo y recursos en la empresa. Al trabajar juntos de manera más eficiente, los miembros del equipo pueden completar tareas en menos tiempo, lo que puede reducir el costo laboral. Además, al identificar y resolver problemas de manera más rápida y efectiva, se puede reducir el costo de retrabajo y corrección de errores.

En conclusión, la comunicación y colaboración son fundamentales en la implementación de metodologías industriales. La comunicación efectiva permite a los diferentes departamentos y equipos de la empresa trabajar juntos de manera más eficiente, identificar y resolver problemas de manera más rápida y tomar decisiones informadas. La colaboración efectiva implica la participación activa de todos los miembros del equipo y la capacidad de compartir información y conocimientos. La buena comunicación y colaboración pueden generar una serie de beneficios para la empresa, incluyendo la mejora de la eficiencia, la reducción de errores, la mejora de la productividad, la mejora del ambiente laboral y la mejora de la calidad. Por lo tanto, es importante que las empresas presten atención a la comunicación y colaboración al implementar metodologías industriales y trabajen para mejorar estos aspectos en su cultura organizacional.

IDENTIFICACIÓN Y RESOLUCIÓN DE PROBLEMAS CON LAS METODOLOGÍAS INDUSTRIALES

En la industria, los problemas son una parte inevitable del proceso de producción. A menudo, estos problemas pueden afectar la calidad, la eficiencia y la rentabilidad de una empresa. Por lo tanto, es esencial contar con un método eficaz para identificar y resolver los problemas en un entorno industrial.

En este capítulo, se discutirán las metodologías industriales que se utilizan para identificar y resolver problemas en la industria. Estas metodologías incluyen Six Sigma, Lean Manufacturing y Total Quality Management (TQM). Además, se discutirán las etapas comunes que se utilizan en estas metodologías, así como algunas herramientas y técnicas que se utilizan para identificar y resolver problemas.

Six Sigma

Six Sigma es una metodología que se utiliza para mejorar la calidad de los productos y servicios de una empresa. Esta metodología se centra en reducir la variación en los procesos de producción y mejorar la satisfacción del cliente. Six Sigma utiliza un enfoque basado en datos para identificar y resolver problemas.

La metodología Six Sigma se basa en un proceso de cinco etapas, conocido como DMAIC (Definir, Medir, Analizar, Mejorar y Controlar). Cada etapa tiene objetivos específicos y utiliza herramientas y técnicas diferentes para lograr estos objetivos.

La primera etapa de DMAIC es Definir. En esta etapa, se define el problema y se establecen los objetivos del proyecto. También se identifican los clientes y las necesidades del mercado.

La segunda etapa de DMAIC es Medir. En esta etapa, se recopilan datos sobre el proceso de producción para determinar la capacidad y la estabilidad del proceso.

La tercera etapa de DMAIC es Analizar. En esta etapa, se analizan los datos recopilados en la etapa anterior para identificar las causas raíz del problema. Se utilizan herramientas estadísticas como el Análisis de Pareto y el Diagrama de Ishikawa para identificar las causas raíz.

La cuarta etapa de DMAIC es Mejorar. En esta etapa, se implementan soluciones para resolver el problema. Se utilizan herramientas como el Diseño de Experimentos y la Ingeniería de Valor para mejorar el proceso de producción.

La última etapa de DMAIC es Controlar. En esta etapa, se implementan medidas de control para garantizar que el proceso de producción siga siendo estable y capaz. Se utilizan herramientas como el Plan de Control y el Gráfico de Control para mantener el proceso bajo control.

Lean Manufacturing

Lean Manufacturing es otra metodología que se utiliza para mejorar la calidad y la eficiencia en la producción. Esta metodología se centra en eliminar el desperdicio y mejorar la eficiencia del proceso de producción. Lean Manufacturing utiliza un enfoque basado en la mejora continua para identificar y resolver problemas.

La metodología Lean Manufacturing se basa en un proceso de cuatro etapas, conocido como el Ciclo de Mejora Continua (PDCA por sus siglas en inglés) que consta de Planificar, Hacer, Verificar y Actuar. Cada etapa tiene objetivos específicos y utiliza herramientas y técnicas diferentes para lograr estos objetivos.

La primera etapa del ciclo PDCA es Planificar. En esta etapa, se define el problema y se establecen los objetivos del proyecto. También se identifican las medidas de rendimiento que se utilizarán para medir el éxito del proyecto.

La segunda etapa del ciclo PDCA es Hacer. En esta etapa, se implementan soluciones para resolver el problema. Se utiliza un enfoque centrado en la acción para implementar las soluciones.

La tercera etapa del ciclo PDCA es Verificar. En esta etapa, se recopilan datos para evaluar el éxito de las soluciones implementadas. Se utilizan herramientas como el Análisis de Flujo de Valor y el Diagrama de Espina de Pescado para evaluar el rendimiento del proceso.

La última etapa del ciclo PDCA es Actuar. En esta etapa, se toman medidas para mejorar el proceso continuamente. Se utilizan herramientas como el Kaizen y el A3 para mejorar el proceso de producción y eliminar el desperdicio.

Total Quality Management (TQM)

Total Quality Management es una metodología que se utiliza para mejorar la calidad y la eficiencia en la producción. Esta metodología se centra en mejorar la calidad en todos los aspectos de la empresa, incluyendo la cultura, los procesos y los productos. TQM utiliza un enfoque basado en la mejora continua para identificar y resolver problemas.

La metodología TQM se basa en un proceso de ocho etapas, conocido como el Ciclo de Deming (PDCA) mejorado. Las ocho etapas incluyen Planificar, Hacer, Verificar, Actuar, Analizar, Diseñar, Implementar y Mantener. Cada etapa tiene objetivos específicos y utiliza herramientas y técnicas diferentes para lograr estos objetivos.

La primera etapa del Ciclo de Deming mejorado es Planificar. En esta etapa, se define el problema y se establecen los objetivos del proyecto. También se identifican las medidas de rendimiento que se utilizarán para medir el éxito del proyecto.

La segunda etapa es Hacer. En esta etapa, se implementan soluciones para resolver el problema.

La tercera etapa es Verificar. En esta etapa, se recopilan datos para evaluar el éxito de las soluciones implementadas.

La cuarta etapa es Actuar. En esta etapa, se toman medidas para mejorar el proceso continuamente.

La quinta etapa es Analizar. En esta etapa, se analizan los datos recopilados en la etapa anterior para identificar las causas raíz del problema.

La sexta etapa es Diseñar. En esta etapa, se diseñan soluciones para resolver el problema.

La séptima etapa es Implementar. En esta etapa, se implementan las soluciones diseñadas.

La última etapa es Mantener. En esta etapa, se implementan medidas de control para garantizar que el proceso de producción siga siendo estable y capaz.

Herramientas y técnicas para identificar y resolver problemas

Hay varias herramientas y técnicas que se utilizan comúnmente en las metodologías industriales para identificar y resolver problemas. Algunas de estas herramientas y técnicas incluyen:

Diagrama de Ishikawa: también conocido como Diagrama de Espina de Pescado, se utiliza para identificar las causas raíz del problema.

Análisis de Pareto: se utiliza para identificar los problemas más importantes que afectan la calidad y la eficiencia del proceso de producción.

Gráfico de Control: se utiliza para monitorear el proceso de producción y detectar desviaciones del proceso.

Plan de Control: se utiliza para establecer las medidas de control necesarias para garantizar la calidad y la eficiencia del proceso de producción.

Análisis de Flujo de Valor: se utiliza para analizar el flujo del proceso de producción y identificar áreas de desperdicio.

Kaizen: se refiere a la mejora continua y se utiliza para identificar oportunidades de mejora en el proceso de producción.

A3: es una herramienta de resolución de problemas que se utiliza para documentar el proceso de mejora y comunicar los resultados a otras partes interesadas.

Análisis FMEA (Análisis de Modo y Efecto de Falla): se utiliza para identificar las posibles fallas en el proceso de producción y diseñar medidas de control para evitarlas.

5S: se refiere a la organización, limpieza y estandarización del lugar de trabajo para mejorar la eficiencia y la seguridad del proceso de producción.

Kanban: se utiliza para gestionar el inventario y garantizar que los materiales necesarios estén disponibles cuando se necesiten.

Estas son solo algunas de las herramientas y técnicas que se utilizan en las metodologías industriales para identificar y resolver problemas. Cada herramienta y técnica tiene sus propios beneficios y se utiliza en diferentes situaciones.

Conclusión

Las metodologías industriales son una serie de técnicas y herramientas que se utilizan en la industria para mejorar la calidad y la eficiencia del proceso de producción. Estas metodologías se basan en la idea de la mejora continua y la eliminación de desperdicios y se aplican en una amplia variedad de sectores industriales.

El ciclo PDCA es una de las metodologías más utilizadas en la industria y se enfoca en la mejora continua del proceso de producción. Esta metodología se divide en cuatro etapas: planificar, hacer, verificar y actuar. En cada etapa se realizan actividades específicas para identificar y resolver problemas y se establecen medidas de control para garantizar la calidad del proceso de producción.

Otra metodología popular es Total Quality Management, que se enfoca en la mejora continua en todos los aspectos de la empresa. Esta metodología se basa en la idea de que la calidad no es solo responsabilidad del departamento de control de calidad, sino que es responsabilidad de todos los empleados de la empresa. Para implementar Total Quality Management, se realizan actividades específicas, como la formación y la capacitación de los empleados, la identificación y eliminación de desperdicios y la implementación de medidas de control para garantizar la calidad del proceso de producción.

Además de estas metodologías, existen varias herramientas y técnicas específicas que se utilizan en la industria para identificar y resolver problemas. El Diagrama de Ishikawa es una herramienta utilizada para identificar las causas raíz de un problema, mientras que el Análisis de Pareto se utiliza para identificar los problemas más importantes que deben abordarse primero. El Gráfico de Control se utiliza para monitorear la calidad del proceso de producción y detectar cualquier variación no deseada.

En resumen, las metodologías industriales son esenciales para garantizar la calidad y la eficiencia del proceso de producción. Las herramientas y técnicas específicas que se utilizan en estas metodologías, como el ciclo PDCA, Total Quality Management, el Diagrama de Ishikawa y el Análisis de Pareto, permiten identificar y resolver problemas de manera efectiva, así como monitorear y mejorar continuamente el proceso de producción. Los gerentes y los ingenieros deben estar familiarizados con estas metodologías y herramientas para poder aplicarlas de manera efectiva y lograr la excelencia en su proceso productivo. La implementación de metodologías industriales puede ayudar a las empresas a mantenerse competitivas y satisfacer las necesidades y expectativas de los clientes en un mercado cada vez más exigente.

DESARROLLO DE PLANES DE ACCIÓN Y MEJORA CON LAS METODOLOGÍAS INDUSTRIALES

En cualquier empresa o industria, el desarrollo de planes de acción y mejora es fundamental para lograr un crecimiento sostenible y aumentar la eficiencia de los procesos. Los planes de acción y mejora son un conjunto de estrategias y acciones que se implementan para mejorar los procesos, optimizar los recursos y aumentar la productividad de la empresa.

En este capítulo se explicará cómo se pueden aplicar las metodologías industriales para desarrollar planes de acción y mejora efectivos. También se discutirán las diferentes etapas del proceso de mejora y cómo se pueden implementar en una empresa.

Metodologías industriales para desarrollar planes de acción y mejora

Las metodologías industriales son un conjunto de técnicas y herramientas que se utilizan para optimizar los procesos y aumentar la eficiencia de la empresa. Estas metodologías se han desarrollado a lo largo del tiempo y se han aplicado con éxito en diferentes sectores industriales.

Entre las metodologías industriales más populares se encuentran el Lean Manufacturing, Six Sigma, Total Quality Management (TQM), Kaizen y la Teoría de las Restricciones (TOC).

Lean Manufacturing

El Lean Manufacturing es una metodología industrial que se enfoca en la eliminación de desperdicios y en la creación de valor para el cliente. Esta metodología se basa en el principio de que todas las actividades que no agregan valor al cliente deben ser eliminadas.

El Lean Manufacturing se divide en cinco etapas: identificación de valor, mapeo de flujo de valor, creación de flujo, implementación de un sistema de producción pull y mejora continua.

La identificación de valor implica la identificación de los productos o servicios que son valorados por los clientes y la eliminación de aquellos que no lo son. El mapeo de flujo de valor es el proceso de visualizar el flujo de materiales y la información a través del proceso de producción. La creación de flujo implica la eliminación de cuellos de botella y la creación de un flujo de producción continuo. La implementación de un sistema de producción pull implica la producción de los productos o servicios solo cuando se necesitan. La mejora continua implica la implementación de medidas para eliminar desperdicios y mejorar la eficiencia del proceso de producción.

Six Sigma

Six Sigma es una metodología industrial que se enfoca en la reducción de la variabilidad en los procesos y en la mejora de la calidad del producto o servicio. Esta metodología se basa en el principio de que la variabilidad en los procesos es la principal causa de defectos.

Six Sigma se divide en cinco etapas: definir, medir, analizar, mejorar y controlar (DMAIC). La etapa de definir implica la definición del problema y la identificación del alcance del proyecto. La etapa de medir implica la recopilación de datos y la medición del proceso. La etapa de analizar implica la identificación de las causas raíz del problema. La etapa de mejorar implica la implementación de soluciones para resolver el problema. La etapa de controlar implica la implementación de medidas para mantener la mejora.

Total Quality Management (TQM)

Total Quality Management (TQM) es una metodología industrial que se enfoca en la mejora continua de la calidad del producto o servicio. Esta metodología se basa en el principio de que la calidad es responsabilidad de todos en la empresa.

TQM se divide en ocho etapas: liderazgo, educación y capacitación, involucramiento de los empleados, enfoque en el cliente, mejora continua, medición y análisis de resultados, gestión de proveedores y trabajo en equipo.

La etapa de liderazgo implica el compromiso de la alta dirección en la implementación de la mejora continua. La educación y capacitación implica la formación de los empleados en técnicas de mejora de la calidad. El involucramiento de los empleados implica la participación activa de los empleados en la mejora continua. El enfoque en el cliente implica la satisfacción de las necesidades y expectativas del cliente. La mejora continua implica la implementación de medidas para mejorar continuamente la calidad del producto o servicio. La medición y análisis de resultados implica el seguimiento y análisis de los resultados para tomar medidas de mejora. La gestión de proveedores implica la selección y evaluación de los proveedores para asegurar la calidad del producto o servicio. El trabajo en equipo implica la colaboración y cooperación entre los diferentes departamentos de la empresa.

Kaizen

Kaizen es una metodología industrial que se enfoca en la mejora continua de los procesos. Esta metodología se basa en el principio de que todos los empleados de la empresa pueden contribuir a la mejora continua.

Kaizen se divide en tres etapas: identificación del problema, análisis del problema y solución del problema. La identificación del problema implica la identificación de las áreas que necesitan mejorar. El análisis del problema implica la identificación de las causas raíz del problema. La solución del problema implica la implementación de medidas para resolver el problema y prevenir su recurrencia.

Teoría de las Restricciones (TOC)

La Teoría de las Restricciones (TOC) es una metodología industrial que se enfoca en la identificación y eliminación de las limitaciones en los procesos. Esta metodología se basa en el principio de que los procesos están limitados por las restricciones.

TOC se divide en tres etapas: identificación de la restricción, explotación de la restricción y elevación de la restricción. La identificación de la restricción implica la identificación de la limitación en el proceso. La explotación de la restricción implica la maximización del uso de la restricción. La elevación de la restricción implica la eliminación de la restricción.

Etapa del proceso de mejora

El proceso de mejora se divide en cuatro etapas: planificación, implementación, seguimiento y evaluación.

Planificación

La etapa de planificación implica la identificación del problema, la definición de los objetivos de mejora, la identificación de las causas raíz del problema y la selección de la metodología de mejora.

La identificación del problema implica la identificación de las áreas que necesitan mejorar. La definición de los objetivos de mejora implica la definición de los resultados deseados. La identificación de las causas raíz del problema implica la identificación de las causas subyacentes del problema. La selección de la metodología de mejora implica la selección de la metodología más adecuada para resolver el problema.

Implementación

La etapa de implementación implica la implementación de las soluciones identificadas en la etapa de planificación.

Esta etapa implica la realización de las acciones necesarias para mejorar el proceso y alcanzar los objetivos definidos. También implica la comunicación y el compromiso de los empleados en la implementación de las soluciones.

Seguimiento

La etapa de seguimiento implica el seguimiento y la medición de los resultados de la implementación de las soluciones. Esta etapa implica la comparación de los resultados con los objetivos definidos en la etapa de planificación y la identificación de posibles desviaciones.

Evaluación

La etapa de evaluación implica la evaluación de los resultados y la identificación de oportunidades de mejora adicionales. Esta etapa implica la identificación de los factores que contribuyeron al éxito o fracaso de la implementación y la identificación de las lecciones aprendidas.

Herramientas de mejora continua

Existen varias herramientas y técnicas que pueden utilizarse para la mejora continua de los procesos. Algunas de las herramientas más comunes incluyen:

Diagramas de flujo: herramienta utilizada para visualizar los procesos y la secuencia de actividades.

Diagramas de Pareto: herramienta utilizada para identificar los problemas más importantes y las causas principales.

Diagramas de Ishikawa o de espina de pescado: herramienta utilizada para identificar las causas raíz de un problema.

Análisis de valor agregado (AVA): herramienta utilizada para identificar las actividades que agregan valor al proceso.

Mapas de procesos: herramienta utilizada para visualizar los procesos y las interacciones entre los diferentes departamentos.

Análisis de costos y beneficios: herramienta utilizada para evaluar los costos y beneficios de las soluciones propuestas.

Conclusiones

En conclusión, la implementación de planes de acción y mejora utilizando metodologías industriales puede ayudar a las empresas a mejorar continuamente sus procesos y productos o servicios. Estas metodologías se enfocan en la identificación de problemas, la identificación de las causas raíz de los problemas y la implementación de soluciones para mejorar los procesos. También se enfocan en la colaboración y el compromiso de los empleados en la mejora continua.

Es importante que las empresas seleccionen la metodología de mejora adecuada para sus necesidades y se comprometan con la implementación de las soluciones identificadas. Además, es fundamental que las empresas realicen un seguimiento y evaluación de los resultados para identificar oportunidades de mejora adicionales y asegurar que los procesos sigan mejorando continuamente. La mejora continua es un proceso constante y nunca termina, pero puede ayudar a las empresas a mantenerse competitivas en un mercado cambiante y satisfacer las necesidades y expectativas de sus clientes.

todo sobre Métodos Industriales

expectativas de sus clientes.

EVALUACIÓN DE RIESGOS Y OPORTUNIDADES EN LA IMPLEMENTACIÓN DE METODOLOGÍAS INDUSTRIALES

La implementación de metodologías industriales es una práctica común en la gestión de operaciones en las empresas. Sin embargo, esta implementación puede implicar riesgos y oportunidades que deben ser evaluados para asegurar el éxito del proyecto. En este capítulo, se discutirá la evaluación de riesgos y oportunidades en la implementación de metodologías industriales. Se definirá qué se entiende por riesgo y oportunidad, se explicarán las metodologías para la evaluación de riesgos y oportunidades, y se detallarán los pasos para llevar a cabo una evaluación adecuada. Además, se analizarán algunos ejemplos de riesgos y oportunidades comunes que pueden surgir en la implementación de metodologías industriales.

Definición de riesgo y oportunidad

Antes de entrar en la evaluación de riesgos y oportunidades en la implementación de metodologías industriales, es importante definir qué se entiende por riesgo y oportunidad. El riesgo se define como la posibilidad de que ocurra un evento o situación que afecte negativamente el proyecto o la organización. Por otro lado, la oportunidad se define como una situación que puede ser beneficiosa para el proyecto o la organización.

La evaluación de riesgos y oportunidades en la implementación de metodologías industriales es fundamental para evitar posibles problemas y maximizar los beneficios del proyecto. La evaluación adecuada de los riesgos y oportunidades puede proporcionar información valiosa para la toma de decisiones y la planificación de la implementación de la metodología.

Metodologías para la evaluación de riesgos y oportunidades

Existen diferentes metodologías para la evaluación de riesgos y oportunidades en la implementación de metodologías industriales. A continuación, se explicarán las más comunes:

Análisis FODA

El análisis FODA (Fortalezas, Oportunidades, Debilidades, Amenazas) es una herramienta de evaluación estratégica que permite identificar los factores internos y externos que pueden afectar el éxito del proyecto. Este análisis se divide en cuatro categorías:

Fortalezas: factores internos que son positivos para el proyecto o la organización.

Oportunidades: factores externos que pueden ser beneficiosos para el proyecto o la organización.

Debilidades: factores internos que pueden afectar negativamente el proyecto o la organización.

Amenazas: factores externos que pueden afectar negativamente el proyecto o la organización.

El análisis FODA es útil para identificar los puntos fuertes y débiles del proyecto y las oportunidades y amenazas externas que pueden surgir durante la implementación de la metodología.

Análisis de riesgos y oportunidades

El análisis de riesgos y oportunidades es una metodología que permite identificar y evaluar los posibles eventos que pueden afectar el proyecto. El análisis se divide en dos categorías: riesgos y oportunidades. Los riesgos son los eventos que pueden tener un impacto negativo en el proyecto o la organización, mientras que las oportunidades son los eventos que pueden tener un impacto positivo en el proyecto o la organización.

El análisis de riesgos y oportunidades es útil para identificar los eventos que pueden afectar negativa o positivamente el proyecto y tomar medidas para reducir el impacto negativo y aprovechar las oportunidades.

Análisis de costos

El análisis de costos es una metodología que permite evaluar el impacto financiero de la implementación de la metodología. El análisis se centra en los costos directos e indirectos del proyecto y las posibles ganancias y ahorros que se pueden obtener con la implementación de la metodología.

El análisis de costos es útil para evaluar la viabilidad financiera del proyecto y determinar si los beneficios superan los costos.

Pasos para la evaluación de riesgos y oportunidades

Para llevar a cabo una evaluación adecuada de los riesgos y oportunidades en la implementación de metodologías industriales, es necesario seguir algunos pasos clave:

Identificar los posibles riesgos y oportunidades: en esta etapa, se deben identificar todos los posibles riesgos y oportunidades que puedan surgir durante la implementación de la metodología.

Evaluar la probabilidad de que ocurran los riesgos y oportunidades: en esta etapa, se debe evaluar la probabilidad de que ocurran los riesgos y oportunidades identificados. Es importante clasificarlos según su probabilidad de ocurrencia y su impacto potencial en el proyecto.

Identificar las posibles medidas de mitigación: en esta etapa, se deben identificar las posibles medidas para mitigar los riesgos y aprovechar las oportunidades identificadas.

Evaluar los costos y beneficios de las medidas de mitigación: en esta etapa, se deben evaluar los costos y beneficios de las medidas de mitigación identificadas y determinar si son viables financieramente.

Implementar las medidas de mitigación: en esta etapa, se deben implementar las medidas de mitigación para reducir el impacto negativo de los riesgos identificados y aprovechar las oportunidades.

Ejemplos de riesgos y oportunidades en la implementación de metodologías industriales

A continuación, se analizarán algunos ejemplos de riesgos y oportunidades comunes que pueden surgir en la implementación de metodologías industriales:

Riesgos:

Falta de capacitación adecuada: si el personal no está capacitado adecuadamente en la metodología que se va a implementar, puede haber problemas de implementación y aumento del tiempo y costos del proyecto.

Resistencia al cambio: si los empleados se resisten a los cambios que implica la implementación de la metodología, puede haber retrasos y problemas en la implementación.

Problemas técnicos: pueden surgir problemas técnicos durante la implementación de la metodología, lo que puede provocar retrasos en la implementación y aumentar los costos.

Oportunidades:

Mejora de la eficiencia: la implementación de una metodología industrial puede mejorar la eficiencia de los procesos de la organización y reducir los costos.

Mejora de la calidad: la implementación de una metodología industrial puede mejorar la calidad de los productos o servicios que ofrece la organización, lo que puede aumentar la satisfacción del cliente y la lealtad.

Incremento de la productividad: la implementación de una metodología industrial puede aumentar la productividad de la organización y permitir una mayor producción sin aumentar los costos.

Conclusiones

La evaluación de riesgos y oportunidades es un paso clave en la implementación de metodologías industriales. Permite identificar los posibles riesgos y oportunidades que pueden surgir durante la implementación de la metodología, evaluar su impacto potencial y determinar las medidas de mitigación necesarias. La evaluación de riesgos y oportunidades también permite evaluar la viabilidad financiera del proyecto y determinar si los beneficios superan los costos.

Es importante tener en cuenta que la implementación de una metodología industrial puede tener un impacto significativo en la organización. Por lo tanto, es importante llevar a cabo una evaluación adecuada de los riesgos y oportunidades para garantizar el éxito del proyecto.

Además, es importante que la organización brinde capacitación adecuada al personal y fomente una cultura de cambio y mejora continua para garantizar una implementación exitosa de la metodología.

En resumen, la evaluación de riesgos y oportunidades es un paso clave en la implementación de metodologías industriales. Permite identificar los posibles riesgos y oportunidades y determinar las medidas de mitigación necesarias para garantizar el éxito del proyecto. Es importante llevar a cabo una evaluación adecuada de los riesgos y oportunidades y brindar capacitación adecuada al personal para garantizar una implementación exitosa de la metodología.

FORMACIÓN Y CAPACITACIÓN EN METODOLOGÍAS INDUSTRIALES

Las metodologías industriales son técnicas y herramientas utilizadas en la industria para mejorar la eficiencia y la calidad de los procesos productivos. Estas metodologías incluyen Lean Manufacturing, Six Sigma, Just in Time, Teoría de Restricciones, Total Productive Maintenance, entre otras.

La formación y capacitación en estas metodologías es esencial para que las empresas puedan implementarlas de manera efectiva y lograr mejoras significativas en sus procesos productivos. En este capítulo se discutirán la importancia de la formación y capacitación en metodologías industriales, los beneficios que ofrecen, y algunos ejemplos de su aplicación en diferentes áreas de la industria.

Importancia de la formación y capacitación en metodologías industriales

La formación y capacitación en metodologías industriales es fundamental para mejorar los procesos productivos de las empresas y aumentar su competitividad en el mercado. La aplicación de estas metodologías permite optimizar los procesos de producción, reducir costos, mejorar la calidad de los productos y aumentar la eficiencia de la empresa.

La implementación de estas metodologías requiere de personal capacitado y entrenado en su uso. La formación y capacitación en estas metodologías permitirá al personal comprender la importancia de la implementación de estas técnicas y herramientas y cómo aplicarlas de manera efectiva en el proceso productivo.

Beneficios de la formación y capacitación en metodologías industriales

La formación y capacitación en metodologías industriales ofrece numerosos beneficios para las empresas, entre los que destacan los siguientes:

Mejora de la eficiencia: La implementación de metodologías industriales permite identificar áreas de desperdicio y mejorar los procesos de producción, lo que se traduce en una mayor eficiencia en la empresa.

Reducción de costos: La identificación de áreas de desperdicio y la mejora de los procesos de producción permiten reducir los costos de producción de la empresa.

Mejora de la calidad de los productos: La implementación de metodologías industriales permite identificar y corregir áreas de defectos en el proceso de producción, lo que se traduce en una mejora en la calidad de los productos.

Aumento de la productividad: La implementación de metodologías industriales permite optimizar los procesos de producción, lo que se traduce en un aumento en la productividad de la empresa.

Mejora del servicio al cliente: La implementación de metodologías industriales permite mejorar la eficiencia y la calidad del servicio al cliente, lo que se traduce en una mayor satisfacción del cliente y fidelización de los mismos.

Áreas de aplicación de las metodologías industriales

Las metodologías industriales pueden ser aplicadas en diferentes áreas de la industria, entre las que se destacan las siguientes:

Procesos productivos: Las metodologías industriales pueden ser aplicadas en los procesos productivos para mejorar la eficiencia, reducir los costos de producción y mejorar la calidad de los productos.

Mantenimiento: Las metodologías industriales pueden ser aplicadas en el mantenimiento de la maquinaria y equipos para reducir los tiempos de parada y mejorar la eficiencia.

Distribución y almacenamiento: Las metodologías industriales pueden ser aplicadas para mejorar la eficiencia en la distribución y el almacenamiento de los productos, reducir los tiempos de entrega y mejorar la gestión del inventario.

Gestión de proyectos: Las metodologías industriales pueden ser aplicadas en la gestión de proyectos para optimizar los recursos, reducir los tiempos de entrega y mejorar la calidad del proyecto.

Gestión de la cadena de suministro: Las metodologías industriales pueden ser aplicadas en la gestión de la cadena de suministro para mejorar la eficiencia en la gestión de los proveedores, reducir los costos y mejorar la calidad de los productos.

Ejemplos de aplicación de las metodologías industriales

A continuación, se presentan algunos ejemplos de aplicación de las metodologías industriales en diferentes áreas de la industria:

Lean Manufacturing: Esta metodología se enfoca en la eliminación de los desperdicios en el proceso productivo. Un ejemplo de su aplicación sería la reducción del tiempo de espera entre las operaciones de un proceso productivo, lo que permite mejorar la eficiencia y reducir los costos de producción.

Six Sigma: Esta metodología se enfoca en la identificación y eliminación de los defectos en el proceso productivo. Un ejemplo de su aplicación sería la reducción del número de defectos en un producto, lo que se traduce en una mejora de la calidad del mismo.

Just in Time: Esta metodología se enfoca en la eliminación del inventario y la producción en función de la demanda del cliente. Un ejemplo de su aplicación sería la reducción de los tiempos de espera en la entrega de los productos, lo que se traduce en una mejora del servicio al cliente y la reducción de los costos de inventario.

Teoría de Restricciones: Esta metodología se enfoca en la identificación y eliminación de los cuellos de botella en el proceso productivo. Un ejemplo de su aplicación sería la identificación de un cuello de botella en una línea de producción y la implementación de medidas para eliminarlo, lo que se traduce en una mejora de la eficiencia del proceso.

Total Productive Maintenance: Esta metodología se enfoca en la mejora del mantenimiento de la maquinaria y equipos. Un ejemplo de su aplicación sería la implementación de un programa de mantenimiento preventivo en una planta industrial, lo que se traduce en una reducción de los tiempos de parada y una mejora de la eficiencia de la planta.

Conclusión

La formación y capacitación en metodologías industriales es esencial para que las empresas puedan implementar estas técnicas y herramientas de manera efectiva y lograr mejoras significativas en sus procesos productivos. Las metodologías industriales ofrecen numerosos beneficios para las empresas, entre los que destacan la mejora de la eficiencia, la reducción de costos, la mejora de la calidad de los productos, el aumento de la productividad y la mejora del servicio al cliente.

Las metodologías industriales pueden ser aplicadas en diferentes áreas de la industria, como los procesos productivos, el mantenimiento, la distribución y almacenamiento, la gestión de proyectos y la gestión de la cadena de suministro. La aplicación de estas metodologías en la industria puede contribuir significativamente a la mejora de la competitividad de las empresas en el mercado.

GESTIÓN DEL CAMBIO EN LA IMPLEMENTACIÓN DE METODOLOGÍAS INDUSTRIALES

La gestión del cambio es un aspecto clave en la implementación de metodologías industriales, ya que involucra cambios importantes en los procesos, la cultura organizacional y las relaciones interpersonales. En este capítulo se abordarán los principales aspectos relacionados con la gestión del cambio en la implementación de metodologías industriales, incluyendo los factores que influyen en el éxito de la implementación, las estrategias para manejar la resistencia al cambio, los roles y responsabilidades de los líderes de cambio, así como las herramientas y técnicas disponibles para facilitar la implementación.

Factores que influyen en el éxito de la implementación de metodologías industriales

La implementación de metodologías industriales es un proceso complejo que implica múltiples factores que influyen en su éxito. En general, estos factores se pueden clasificar en tres categorías principales: la cultura organizacional, la capacidad de gestión del cambio y la planificación y ejecución de la implementación.

La cultura organizacional es uno de los factores más importantes que influyen en el éxito de la implementación de metodologías industriales. La cultura organizacional puede definirse como el conjunto de valores, creencias, normas y comportamientos que caracterizan a una organización. Una cultura organizacional fuerte y coherente puede ser un factor determinante en el éxito de la implementación de metodologías industriales. Por el contrario, una cultura organizacional débil o fragmentada puede ser un obstáculo importante para la implementación exitosa.

La capacidad de gestión del cambio es otro factor crítico que influye en el éxito de la implementación de metodologías industriales. La gestión del cambio se refiere al conjunto de procesos y actividades que se llevan a cabo para planificar, implementar y controlar los cambios en una organización. Una buena capacidad de gestión del cambio es esencial para garantizar que la implementación de la metodología industrial se realice de manera efectiva y sin problemas.

La planificación y ejecución de la implementación también son factores clave que influyen en el éxito de la implementación de metodologías industriales. Una planificación cuidadosa y una ejecución eficiente son necesarias para asegurar que la implementación se lleve a cabo de manera efectiva y que se logren los objetivos deseados.

Estrategias para manejar la resistencia al cambio

La resistencia al cambio es un fenómeno común en la implementación de metodologías industriales. La resistencia al cambio puede ser una barrera significativa para el éxito de la implementación, ya que puede dificultar el proceso de cambio y llevar a la insatisfacción del personal. A continuación, se presentan algunas estrategias para manejar la resistencia al cambio en la implementación de metodologías industriales:

Comunicar los beneficios de la implementación: Es importante que el personal comprenda los beneficios de la implementación de la metodología industrial. La comunicación efectiva puede ayudar a reducir la resistencia al cambio y motivar al personal a apoyar la implementación.

Involucrar al personal: Es esencial involucrar al personal en la implementación de la metodología industrial. Esto puede incluir la participación en grupos de trabajo, la identificación de áreas problemáticas y la propuesta de soluciones.

Proporcionar formación y apoyo: La formación y el apoyo son esenciales para ayudar al personal a adaptarse a los cambios que se producen en la implementación de la metodología industrial. La formación puede incluir la capacitación en nuevas habilidades y herramientas, mientras que el apoyo puede incluir la orientación y el seguimiento para asegurarse de que el personal tenga la ayuda que necesita para implementar con éxito la metodología.

Reconocer y recompensar el éxito: Es importante reconocer y recompensar el éxito en la implementación de la metodología industrial. Esto puede incluir el reconocimiento público, los incentivos financieros y las oportunidades de desarrollo profesional. El reconocimiento y la recompensa pueden motivar al personal a apoyar la implementación y superar la resistencia al cambio.

Aceptar y gestionar la resistencia: Finalmente, es importante aceptar que la resistencia al cambio es un fenómeno natural en la implementación de metodologías industriales y que se debe gestionar de manera efectiva. La gestión de la resistencia puede incluir la identificación de los factores subyacentes de la resistencia, la adopción de medidas para abordar estos factores y la orientación del personal a través del proceso de cambio.

Roles y responsabilidades de los líderes de cambio

Los líderes de cambio juegan un papel fundamental en la implementación de metodologías industriales. Los líderes de cambio son aquellos individuos que dirigen y coordinan el proceso de cambio, y que se encargan de garantizar que la implementación de la metodología industrial se lleve a cabo de manera efectiva y sin problemas. A continuación, se presentan algunos de los roles y responsabilidades clave de los líderes de cambio en la implementación de metodologías industriales:

Establecer una visión clara: Los líderes de cambio deben establecer una visión clara para la implementación de la metodología industrial. Esto puede incluir la definición de objetivos claros, la comunicación de la visión a todo el personal y la alineación de la visión con los valores y la cultura organizacional.

Crear un sentido de urgencia: Los líderes de cambio deben crear un sentido de urgencia en torno a la implementación de la metodología industrial. Esto puede incluir la identificación de los riesgos y oportunidades asociados con la falta de implementación y la comunicación de estos riesgos y oportunidades a todo el personal.

Desarrollar y mantener una coalición de cambio: Los líderes de cambio deben desarrollar y mantener una coalición de cambio que apoye la implementación de la metodología industrial. Esto puede incluir la identificación de los principales interesados en la implementación, la creación de un equipo de proyecto y la colaboración con otros líderes de la organización.

Comunicar y educar: Los líderes de cambio deben comunicar y educar al personal sobre la metodología industrial y la necesidad de implementarla. Esto puede incluir la creación de materiales de comunicación y la organización de sesiones de formación y capacitación.

Implementar y consolidar el cambio: Finalmente, los líderes de cambio deben implementar y consolidar el cambio. Esto puede incluir la identificación de obstáculos y la adopción de medidas para superarlos, la monitorización del progreso y la adaptación de la implementación a medida que sea necesario.

Herramientas y técnicas para facilitar la implementación de metodologías industriales

Existen una serie de herramientas y técnicas que pueden utilizarse para facilitar la implementación de metodologías industriales. Estas herramientas y técnicas pueden ayudar a los líderes de cambio y al personal a planificar, ejecutar y monitorizar el proceso de implementación. A continuación, se presentan algunas de las herramientas y técnicas más comunes utilizadas en la implementación de metodologías industriales:

Diagrama de flujo: El diagrama de flujo es una herramienta visual que se utiliza para representar un proceso en términos de sus pasos y actividades individuales. El uso de un diagrama de flujo puede ayudar a los líderes de cambio y al personal a visualizar el proceso de implementación y a identificar áreas de mejora.

Análisis FODA: El análisis FODA es una herramienta utilizada para evaluar las fortalezas, debilidades, oportunidades y amenazas de una organización. El uso del análisis FODA puede ayudar a los líderes de cambio a identificar las áreas donde se requiere una mayor atención durante la implementación de la metodología industrial.

Gráficos de Gantt: Los gráficos de Gantt son herramientas utilizadas para planificar y monitorizar los proyectos. El uso de los gráficos de Gantt puede ayudar a los líderes de cambio y al personal a visualizar el calendario de implementación de la metodología industrial y a identificar cualquier retraso o desviación en el plan.

Matriz de responsabilidad: La matriz de responsabilidad es una herramienta utilizada para identificar las responsabilidades individuales de los miembros del equipo en un proyecto. El uso de la matriz de responsabilidad puede ayudar a los líderes de cambio a asignar tareas y responsabilidades específicas a los miembros del equipo durante la implementación de la metodología industrial.

Encuestas y evaluaciones: Las encuestas y evaluaciones son herramientas utilizadas para recopilar información y comentarios de los empleados sobre la implementación de la metodología industrial. El uso de las encuestas y evaluaciones puede ayudar a los líderes de cambio a evaluar el progreso y a identificar cualquier problema o desafío que deba abordarse.

Conclusión

La implementación de metodologías industriales puede ser un proceso desafiante y complejo. Sin embargo, con una planificación adecuada, una comunicación clara y una gestión efectiva del cambio, la implementación puede ser exitosa y puede mejorar la eficiencia, la calidad y la rentabilidad de una organización. Los líderes de cambio desempeñan un papel fundamental en la implementación de metodologías industriales y deben estar dispuestos a asumir la responsabilidad de dirigir y coordinar el proceso de cambio. La utilización de herramientas y técnicas como el diagrama de flujo, el análisis FODA, los gráficos de Gantt, la matriz de responsabilidad, las encuestas y las evaluaciones puede ayudar a facilitar la implementación de la metodología industrial y a identificar áreas de mejora. En resumen, la implementación exitosa de metodologías industriales requiere una planificación cuidadosa, una comunicación clara, una gestión efectiva del cambio y una colaboración entre los líderes de cambio y el personal.

INTEGRACIÓN DE METODOLOGÍAS INDUSTRIALES EN LA ESTRATEGIA DE LA EMPRESA

La industria moderna se caracteriza por la competencia feroz en los mercados nacionales e internacionales, la creciente complejidad de los procesos productivos y el uso intensivo de tecnologías avanzadas. Para mantenerse competitivas y rentables, las empresas necesitan adoptar una estrategia integral que aborde todos los aspectos de su operación, desde la planificación y el diseño hasta la producción y la entrega al cliente. En este contexto, la integración de metodologías industriales es un elemento clave para el éxito empresarial. En este capítulo, se explorarán las principales metodologías industriales utilizadas en la actualidad y su impacto en la estrategia empresarial.

Metodologías industriales

Existen numerosas metodologías industriales utilizadas en la actualidad para mejorar la eficiencia, la calidad y la rentabilidad de los procesos productivos. Algunas de las metodologías más populares incluyen:

Lean Manufacturing: Esta metodología se centra en la eliminación de desperdicios y la mejora continua de los procesos productivos. Se basa en cinco principios fundamentales: valor, flujo, tirón, perfección y respeto por las personas. La implementación de Lean Manufacturing implica la identificación y eliminación de actividades que no agregan valor al proceso, la mejora del flujo de trabajo, la eliminación de cuellos de botella y la implementación de procesos de producción a pedido.

Six Sigma: Esta metodología se centra en la mejora de la calidad y la reducción de la variabilidad en los procesos productivos. Se basa en la recopilación y análisis de datos para identificar y resolver problemas, reducir defectos y mejorar la satisfacción del cliente. La implementación de Six Sigma implica la definición clara de los objetivos, la recopilación y análisis de datos, la implementación de soluciones y la medición continua de los resultados.

Teoría de las restricciones: Esta metodología se centra en la identificación y eliminación de las restricciones que limitan la capacidad de producción de una empresa. Se basa en la idea de que una cadena productiva es tan fuerte como su eslabón más débil. La implementación de la teoría de las restricciones implica la identificación de los cuellos de botella y la implementación de soluciones para mejorar la capacidad productiva en el eslabón más débil.

Total Productive Maintenance (TPM): Esta metodología se centra en la maximización de la eficiencia de los equipos de producción a través del mantenimiento preventivo y la mejora continua. Se basa en la idea de que el mantenimiento regular y la identificación temprana de problemas pueden evitar fallas costosas y prolongar la vida útil de los equipos. La implementación de TPM implica la identificación de los equipos críticos, la definición de los procedimientos de mantenimiento preventivo, la capacitación de los trabajadores y la implementación de un sistema de seguimiento y medición de la eficiencia de los equipos.

Integración de metodologías industriales en la estrategia de la empresa

La implementación exitosa de metodologías industriales requiere una estrategia empresarial integral que aborde todos los aspectos de la operación de la empresa. Algunos de los elementos clave de una estrategia integral incluyen:

Definición clara de los objetivos empresaria

Una estrategia integral debe comenzar con una definición clara de los objetivos empresariales. Los objetivos deben ser específicos, medibles, alcanzables, relevantes y oportunos (SMART, por sus siglas en inglés). Además, los objetivos deben estar alineados con la visión y misión de la empresa. Una vez que se han definido los objetivos, se pueden establecer indicadores de desempeño para medir el progreso hacia la consecución de esos objetivos.

Identificación de áreas críticas de mejora

La identificación de áreas críticas de mejora es un paso importante en la integración de metodologías industriales en la estrategia de la empresa. Las áreas críticas de mejora pueden incluir la reducción de los costos de producción, la mejora de la calidad, la reducción de los tiempos de entrega, la mejora de la satisfacción del cliente y la mejora de la eficiencia operativa. Una vez que se han identificado las áreas críticas de mejora, se pueden seleccionar las metodologías industriales más adecuadas para abordar esos problemas.

Implementación de metodologías industriales

La implementación de metodologías industriales implica la definición de los procesos y procedimientos necesarios para aplicar esas metodologías en la operación de la empresa. Esto puede incluir la capacitación de los trabajadores, la definición de los procedimientos de trabajo, la implementación de herramientas y tecnologías específicas y la medición del desempeño. Es importante asegurarse de que todas las metodologías estén integradas de manera coherente en la operación diaria de la empresa.

Monitoreo y medición del desempeño

El monitoreo y medición del desempeño son elementos clave de una estrategia integral de integración de metodologías industriales. Los indicadores de desempeño deben ser establecidos para medir el progreso hacia los objetivos empresariales y la mejora continua. Los resultados deben ser monitoreados y evaluados regularmente para asegurarse de que se están logrando los objetivos empresariales y para identificar áreas adicionales de mejora.

Cultura de mejora continua

La integración de metodologías industriales en la estrategia de la empresa debe ir acompañada de una cultura de mejora continua. Los trabajadores deben ser alentados a buscar formas de mejorar constantemente los procesos y procedimientos de la empresa. La retroalimentación regular y la participación activa de los trabajadores son elementos clave para fomentar una cultura de mejora continua.

Conclusión

La integración de metodologías industriales en la estrategia de la empresa es esencial para mantenerse competitivo en la industria moderna. Las metodologías industriales pueden mejorar la eficiencia, la calidad y la rentabilidad de los procesos productivos, y pueden ser utilizadas para abordar una amplia gama de problemas empresariales. La implementación exitosa de metodologías industriales requiere una estrategia integral que aborde todos los aspectos de la operación de la empresa, desde la definición de los objetivos hasta la cultura de mejora continua. Al integrar metodologías industriales de manera coherente en la operación diaria de la empresa, las empresas pueden mejorar su competitividad y rentabilidad en los mercados nacionales e internacionales.

EXPERIENCIAS Y CASOS DE ÉXITO EN LA IMPLEMENTACIÓN DE METODOLOGÍAS INDUSTRIALES

En el mundo de la industria, la implementación de metodologías es una práctica común que busca mejorar la eficiencia, la productividad y la calidad de los procesos productivos. Sin embargo, llevar a cabo esta tarea no siempre es fácil y puede presentar diversos desafíos. En este capítulo, exploraremos algunas experiencias y casos de éxito en la implementación de metodologías industriales, con el objetivo de comprender mejor los retos y beneficios de este proceso.

Experiencias en la implementación de metodologías industriales:

Para empezar, es importante señalar que no existe una única metodología que funcione para todas las empresas y situaciones. Cada organización tiene sus propias necesidades, objetivos y recursos, por lo que es importante adaptar la metodología a su contexto específico. A continuación, se presentan algunas experiencias y desafíos comunes en la implementación de metodologías industriales.

Experiencia 1: Implementación de Lean Manufacturing

Una empresa de fabricación de piezas metálicas decidió implementar la metodología de Lean Manufacturing para mejorar la eficiencia y la productividad de sus procesos. La implementación se llevó a cabo en varias fases, comenzando con la identificación de los procesos críticos y la eliminación de desperdicios.

También se implementó el sistema Kanban para mejorar la gestión de inventarios y reducir los tiempos de espera.

Uno de los principales desafíos fue la resistencia al cambio por parte de los empleados. Al principio, muchos se mostraron reacios a abandonar sus viejas formas de trabajo y adaptarse a los nuevos procesos. Sin embargo, mediante la capacitación y el involucramiento activo de los trabajadores en el proceso de implementación, se logró superar esta barrera.

Otro desafío importante fue la medición y seguimiento de los resultados. Si bien se observó una mejora significativa en la eficiencia y la productividad, fue difícil establecer una línea base y medir el impacto exacto de la implementación de Lean Manufacturing en los resultados finales. Sin embargo, la empresa continuó realizando ajustes y mejoras en el proceso, lo que resultó en una mejora continua de los resultados.

Experiencia 2: Implementación de Six Sigma

Una empresa de telecomunicaciones decidió implementar la metodología de Six Sigma para mejorar la calidad de sus procesos y reducir los defectos en sus productos. Se formó un equipo de trabajo dedicado exclusivamente a la implementación de Six Sigma, el cual se encargó de identificar los procesos críticos y analizar los datos para identificar las causas de los problemas.

Uno de los desafíos más importantes fue la falta de comprensión de la metodología por parte de los empleados. Muchos no entendían cómo funcionaba Six Sigma y cómo podrían contribuir al proceso de mejora. Para superar este obstáculo, se llevó a cabo una campaña de capacitación y comunicación para explicar la metodología y sus beneficios.

Otro desafío fue la recopilación y análisis de datos. La empresa descubrió que no contaba con los sistemas necesarios para recopilar datos de manera efectiva, por lo que tuvo que invertir en tecnología y herramientas de análisis de datos. Una vez que se resolvió este problema, se logró una mejora significativa en la calidad de los productos.

Además de los desafíos mencionados, la implementación de Six Sigma también presentó beneficios significativos para la empresa. Por ejemplo, la metodología ayudó a la empresa a estandarizar sus procesos, lo que redujo la variabilidad y mejoró la consistencia de los productos. También permitió identificar problemas ocultos y solucionarlos antes de que afectaran la calidad de los productos.

Otro beneficio importante fue la mejora en la satisfacción del cliente. Al reducir los defectos en los productos, la empresa pudo entregar productos de mayor calidad a sus clientes, lo que mejoró su satisfacción y fidelidad. Esto, a su vez, tuvo un impacto positivo en la reputación y el éxito financiero de la empresa.

Experiencia 3: Implementación de TPM (Mantenimiento Productivo Total)

Una empresa de fabricación de alimentos decidió implementar la metodología de TPM para mejorar la eficiencia y la confiabilidad de sus equipos de producción. La implementación se dividió en varias fases, comenzando con la identificación de los equipos críticos y la realización de un análisis de fallas para determinar las causas raíz de los problemas.

Uno de los desafíos más importantes fue la falta de compromiso de los empleados con la metodología. Al principio, muchos trabajadores no veían el valor de dedicar tiempo y recursos a la implementación de TPM, y preferían seguir con sus viejas formas de trabajo. Para superar este obstáculo, la empresa realizó una campaña de comunicación y capacitación para explicar la metodología y sus beneficios a los empleados.

Otro desafío importante fue la falta de recursos para la implementación de TPM. La empresa descubrió que no contaba con suficiente personal capacitado para llevar a cabo la implementación de manera efectiva, por lo que tuvo que invertir en capacitación y contratar a nuevos empleados para cubrir las necesidades.

A pesar de estos desafíos, la implementación de TPM tuvo resultados significativos para la empresa. Se logró reducir significativamente el tiempo de inactividad de los equipos y mejorar su confiabilidad. Además, se mejoró la eficiencia de los procesos de mantenimiento, lo que redujo los costos y mejoró la satisfacción del cliente al reducir los tiempos de entrega.

Casos de éxito en la implementación de metodologías industriales:

Además de estas experiencias, existen varios casos de éxito en la implementación de metodologías industriales en diferentes empresas y sectores. A continuación, se presentan algunos de ellos:

Caso 1: Toyota y la implementación de Lean Manufacturing

Toyota es uno de los ejemplos más conocidos de éxito en la implementación de Lean Manufacturing. La empresa ha sido pionera en el desarrollo y la implementación de esta metodología desde la década de 1950, lo que ha contribuido significativamente a su éxito como fabricante de automóviles.

La implementación de Lean Manufacturing en Toyota se basa en los siguientes principios:

Eliminación de desperdicios: La empresa se enfoca en identificar y eliminar cualquier actividad que no agregue valor al proceso productivo.

Mejora continua: Toyota busca constantemente mejorar sus procesos y productos, y utiliza los comentarios de los clientes y los empleados para identificar oportunidades de mejora.

Trabajo en equipo: La empresa fomenta la colaboración y el trabajo en equipo entre los empleados de diferentes departamentos y niveles jerárquicos.

Just in time: La metodología de Lean Manufacturing de Toyota se basa en el concepto de producción justo a tiempo, lo que significa que los productos se fabrican en la cantidad y momento exactos que se necesitan, sin acumulación de inventarios.

Calidad total: Toyota se enfoca en la calidad total de sus productos, lo que implica la participación de todos los empleados en la prevención de problemas y la identificación de oportunidades de mejora.

Gracias a la implementación de Lean Manufacturing, Toyota ha logrado reducir significativamente los tiempos de entrega, mejorar la calidad de sus productos y reducir los costos de producción. Además, la metodología ha permitido a la empresa adaptarse rápidamente a los cambios en el mercado y mantener su posición como líder en la industria automotriz.

Caso 2: Johnson & Johnson y la implementación de Six Sigma

Johnson & Johnson es una empresa líder en el sector de la salud que decidió implementar la metodología de Six Sigma para mejorar la calidad y la eficiencia de sus procesos de producción. La empresa se enfocó en la implementación de Six Sigma en sus procesos de manufactura, lo que incluyó la identificación de los procesos críticos, la capacitación de los empleados y la implementación de herramientas de mejora continua.

Como resultado de la implementación de Six Sigma, Johnson & Johnson logró reducir significativamente los defectos en sus productos, mejorar la eficiencia de sus procesos y reducir los costos de producción. Además, la metodología ha permitido a la empresa mejorar la satisfacción del cliente al entregar productos de mayor calidad y reducir los tiempos de entrega.

Caso 3: GE y la implementación de Total Quality Management

General Electric (GE) es una empresa que ha sido reconocida por su exitosa implementación de la metodología de Total Quality Management (TQM). La implementación de TQM en GE se enfocó en la mejora continua de los procesos, la eliminación de desperdicios y la participación de todos los empleados en la prevención de problemas y la identificación de oportunidades de mejora.

La implementación de TQM en GE tuvo un impacto significativo en la eficiencia y la calidad de la empresa. Por ejemplo, la empresa logró reducir significativamente los tiempos de entrega de sus productos, mejorar la calidad de los mismos y reducir los costos de producción. Además, la metodología permitió a GE mejorar la satisfacción del cliente y mantener su posición como líder en la industria.

Conclusión

La implementación de metodologías industriales puede presentar desafíos importantes, como la resistencia al cambio y la falta de recursos. Sin embargo, también puede presentar beneficios significativos, como la mejora en la eficiencia y la calidad de los procesos y productos, la reducción de costos y la mejora en la satisfacción del cliente.

A través de las experiencias y casos de éxito presentados en este capítulo, se puede observar que la implementación de metodologías industriales puede ser una herramienta poderosa para mejorar la competitividad y el éxito financiero de las empresas en diferentes sectores. Para lograr una implementación exitosa, es importante contar con un compromiso fuerte y una comunicación efectiva con los empleados, así como con la inversión en capacitación y recursos para asegurar la implementtción adecuada y la continuación de la mejora continua.

Además, se debe tener en cuenta que no existe una metodología universalmente aplicable, sino que cada empresa debe encontrar la que mejor se adapte a sus necesidades y características. Es importante evaluar cuidadosamente las diferentes opciones y adaptarlas a la cultura y estrategia de la empresa.

Finalmente, es importante destacar que la implementación de metodologías industriales no debe ser vista como un proyecto aislado, sino como un proceso continuo y en constante evolución. La mejora continua debe ser parte de la cultura empresarial y de la estrategia a largo plazo de la empresa.

En resumen, la implementación de metodologías industriales puede ser una herramienta poderosa para mejorar la competitividad y el éxito financiero de las empresas. Sin embargo, es importante tener en cuenta que cada empresa debe encontrar la metodología que mejor se adapte a sus necesidades y características, y que la implementación debe ser vista como un proceso continuo y en constante evolución.

RETOS Y OPORTUNIDADES EN EL FUTURO DE LAS METODOLOGÍAS INDUSTRIALES

Las metodologías industriales han experimentado un rápido avance en las últimas décadas, impulsado por la creciente demanda de mejoras en la eficiencia y la calidad en los procesos de producción. Estas metodologías, que van desde Six Sigma y Lean Manufacturing hasta la Manufactura Esbelta y el Total Quality Management, han demostrado ser extremadamente efectivas para ayudar a las empresas a mejorar sus procesos y aumentar la rentabilidad.

Sin embargo, en la actualidad, las empresas se enfrentan a una serie de desafíos cada vez más complejos en el entorno empresarial. La globalización, la digitalización y la automatización están cambiando el panorama industrial y creando nuevas oportunidades y desafíos. En este capítulo, se analizarán los retos y oportunidades que enfrentan las metodologías industriales en el futuro, y se presentarán algunas soluciones innovadoras para enfrentarlos.

Retos de las metodologías industriales

Adaptación a la era digital

La digitalización ha transformado la manera en que se llevan a cabo los procesos industriales y ha creado nuevas oportunidades para la eficiencia y la optimización. Sin embargo, muchas empresas todavía no han logrado adaptarse a esta nueva era. La incorporación de nuevas tecnologías, como el Internet de las cosas (IoT) y la inteligencia artificial (IA), requiere una inversión significativa en infraestructura y recursos humanos, y la falta de capacitación y experiencia puede ser un obstáculo para la implementación efectiva de estas tecnologías.

Flexibilidad en la cadena de suministro

La globalización ha permitido que las empresas accedan a nuevos mercados y proveedores, pero también ha creado nuevas complejidades en la cadena de suministro. Las empresas necesitan ser capaces de adaptarse rápidamente a los cambios en la demanda y en las condiciones del mercado, lo que requiere una mayor flexibilidad en la cadena de suministro. Además, las empresas necesitan estar preparadas para los riesgos inherentes a la cadena de suministro, como desastres naturales, interrupciones políticas o sociales y ciberataques.

Gestión del talento

El éxito de cualquier metodología industrial depende en gran medida del talento y la experiencia de las personas que la implementan. Sin embargo, la escasez de talento en algunos sectores y regiones puede dificultar la implementación efectiva de las metodologías industriales. Además, el envejecimiento de la fuerza laboral y la falta de habilidades relevantes en la fuerza laboral más joven pueden limitar la capacidad de las empresas para implementar nuevas tecnologías y metodologías.

Sostenibilidad

Las empresas están cada vez más preocupadas por el impacto ambiental y social de sus operaciones. Las metodologías industriales pueden ayudar a las empresas a reducir su impacto ambiental y mejorar la sostenibilidad, pero también es importante considerar los efectos a largo plazo de los procesos y productos. Además, la sostenibilidad también incluye consideraciones sociales, como las condiciones laborales y los derechos humanos en toda la cadena de suministro.

Oportunidades para las metodologías industriales

Automatización

La automatización de los procesos industriales puede proporcionar una mayor eficiencia y una reducción en los errores humanos. La robótica y la automatización también pueden ayudar a las empresas a adaptarse a la creciente demanda de personalización y variabilidad en la producción, lo que puede aumentar la eficiencia y reducir los costos. Además, la automatización puede ser una solución para la escasez de talento en algunos sectores, ya que puede permitir que las empresas realicen más con menos personal.

Analítica de datos

La analítica de datos puede ser una herramienta valiosa para las empresas que buscan mejorar la eficiencia y la calidad en los procesos de producción. La recopilación y el análisis de datos en tiempo real pueden proporcionar información sobre el rendimiento de los equipos, la calidad de los productos y la eficiencia de los procesos. Estos datos pueden utilizarse para identificar áreas de mejora y tomar decisiones informadas sobre la implementación de metodologías industriales.

Sistemas de gestión integrados

Los sistemas de gestión integrados pueden ayudar a las empresas a gestionar eficazmente los procesos de producción y la cadena de suministro. Estos sistemas permiten una gestión centralizada de los procesos, lo que puede reducir la complejidad y mejorar la eficiencia. Además, los sistemas de gestión integrados pueden mejorar la comunicación entre departamentos y proveedores, lo que puede aumentar la transparencia y reducir los errores.

Sostenibilidad

La sostenibilidad puede ser una oportunidad para las empresas que buscan diferenciarse en el mercado y satisfacer las demandas de los consumidores cada vez más conscientes del medio ambiente. La implementación de metodologías industriales puede ayudar a las empresas a reducir su impacto ambiental y mejorar la sostenibilidad de sus operaciones. Esto puede incluir la reducción de residuos y emisiones, el uso de energías renovables y la mejora de la eficiencia energética.

Soluciones innovadoras para enfrentar los retos

Capacitación y desarrollo de habilidades

La capacitación y el desarrollo de habilidades pueden ayudar a las empresas a enfrentar la escasez de talento y la falta de habilidades relevantes en la fuerza laboral. Las empresas pueden invertir en programas de capacitación para actualizar las habilidades de los trabajadores y prepararlos para la implementación de nuevas tecnologías y metodologías. Además, las empresas pueden trabajar con instituciones educativas y gubernamentales para fomentar la formación de habilidades relevantes para el sector.

Implementación escalonada de tecnologías

La implementación escalonada de tecnologías puede ayudar a las empresas a abordar el desafío de la adaptación a la era digital. En lugar de intentar implementar todas las tecnologías de una sola vez, las empresas pueden implementar tecnologías de manera gradual y evaluar su impacto en los procesos. Esto puede ayudar a las empresas a reducir el riesgo y la inversión inicial, y permitirles ajustar sus estrategias a medida que aprenden más sobre las tecnologías.

Colaboración en la cadena de suministro

La colaboración en la cadena de suministro puede ayudar a las empresas a mejorar la flexibilidad y la resiliencia de sus operaciones. Las empresas pueden trabajar con proveedores y clientes para compartir información y planificar de manera conjunta para reducir el riesgo de interrupciones en la cadena de suministro. Además, la colaboración puede ayudar a las empresas a identificar oportunidades para mejorar la eficiencia y reducir los costos en toda la cadena de suministro.

Innovación abierta

La innovación abierta puede ayudar a las empresas a desarrollar soluciones innovadoras para abordar los desafíos actuales y futuros. La innovación abierta implica colaborar con socios externos, como startups, universidades y otros actores del ecosistema empresarial, para desarrollar nuevas soluciones y tecnologías. La innovación abierta puede permitir a las empresas acceder a nuevas ideas y habilidades, y puede ayudarles a mantenerse a la vanguardia de la innovación en su sector.

Uso de tecnologías emergentes

El uso de tecnologías emergentes, como la inteligencia artificial, la robótica y la realidad aumentada, puede proporcionar nuevas soluciones para los desafíos industriales actuales y futuros. Estas tecnologías pueden mejorar la eficiencia y la precisión en la producción, reducir el tiempo de inactividad y mejorar la seguridad de los trabajadores. Además, estas tecnologías pueden permitir una mayor personalización y variabilidad en la producción, lo que puede mejorar la satisfacción del cliente y la competitividad de las empresas.

Enfoque en la calidad

Un enfoque en la calidad puede ayudar a las empresas a mejorar la satisfacción del cliente y la eficiencia en los procesos de producción. La implementación de sistemas de gestión de calidad, como ISO 9001, puede ayudar a las empresas a establecer procesos claros y estandarizados para garantizar la calidad de los productos y servicios. Además, un enfoque en la calidad puede ayudar a las empresas a identificar áreas de mejora y reducir los costos de no calidad.

Conclusiones

El futuro de las metodologías industriales presenta desafíos y oportunidades para las empresas. La adaptación a la era digital, la escasez de talento y la demanda de sostenibilidad son algunos de los desafíos que enfrentan las empresas. Sin embargo, existen soluciones innovadoras que pueden ayudar a las empresas a abordar estos desafíos, como la capacitación y el desarrollo de habilidades, la implementación escalonada de tecnologías, la colaboración en la cadena de suministro, la innovación abierta, el uso de tecnologías emergentes y un enfoque en la calidad.

Las empresas que puedan adaptarse a estos desafíos y aprovechar estas oportunidades estarán mejor posicionadas para competir en un entorno empresarial cada vez más exigente y cambiante. La implementación de metodologías industriales puede ayudar a las empresas a mejorar la eficiencia, la calidad y la sostenibilidad de sus operaciones, lo que puede aumentar la satisfacción del cliente y reducir los costos. Además, la implementación de metodologías industriales puede ayudar a las empresas a mantenerse a la vanguardia de la innovación en su sector y a asegurar su éxito a largo plazo.

CONCLUSIONES Y RECOMENDACIONES PARA LA IMPLEMENTACIÓN DE METODOLOGÍAS INDUSTRIALES

La implementación de metodologías industriales es un tema clave en la gestión eficiente de las empresas. Estas metodologías se han desarrollado a lo largo de los años con el objetivo de optimizar los procesos productivos, reducir costos y mejorar la calidad de los productos. En este capítulo, se presentarán las principales conclusiones y recomendaciones para la implementación de metodologías industriales.

La implementación de metodologías industriales es esencial para mejorar la eficiencia de los procesos productivos en las empresas. Estas metodologías permiten reducir los tiempos de producción, mejorar la calidad de los productos y reducir los costos.

La metodología Lean Manufacturing es una de las más utilizadas en la industria. Esta metodología se centra en la eliminación de desperdicios en los procesos productivos y en la mejora continua de los mismos.

Otra metodología ampliamente utilizada es Six Sigma, que se centra en la reducción de la variabilidad en los procesos productivos. Esta metodología permite identificar y corregir los problemas en los procesos, lo que conduce a una mejora en la calidad de los productos.

La metodología de Producción Más Limpia es una de las más recientes en la industria. Esta metodología se centra en la reducción del impacto ambiental de los procesos productivos, mediante la implementación de prácticas más limpias y sostenibles.

La implementación de metodologías industriales requiere un enfoque sistémico y una participación activa de los trabajadores. Es importante involucrar a todos los niveles de la organización en el proceso de implementación y promover la cultura de mejora continua.

La formación y capacitación de los trabajadores es esencial para la implementación de metodologías industriales. Los trabajadores deben estar capacitados en las metodologías específicas y en la mejora continua de los procesos productivos.

La gestión del cambio es un factor crítico en la implementación de metodologías industriales. Es importante comunicar de manera efectiva los cambios que se están realizando y asegurar que los trabajadores entiendan y acepten los cambios.

La medición y seguimiento de los indicadores de desempeño es esencial para evaluar la eficacia de las metodologías industriales implementadas. Los indicadores de desempeño deben ser definidos de manera clara y deben estar alineados con los objetivos de la empresa.

La retroalimentación es clave para la mejora continua de los procesos productivos. Es importante que los trabajadores puedan dar retroalimentación sobre los procesos y que esta retroalimentación sea tomada en cuenta en la implementación de mejoras.

Recomendaciones

Antes de implementar una metodología industrial, es importante evaluar las necesidades específicas de la empresa y determinar cuál es la metodología más adecuada para satisfacer estas necesidades.

La implementación de metodologías industriales debe ser liderada por un equipo multidisciplinario, que incluya a representantes de todos los niveles de la organización. Este equipo debe estar comprometido con la mejora continua de los procesos productivos.

La capacitación y formación de los trabajadores es esencial para la implementación de metodologías industriales. Es importante que los trabajadores reciban la formación adecuada para implementar y utilizar las metodologías de manera efectiva. La capacitación debe ser continua y debe incluir tanto la teoría como la práctica en la implementación de las metodologías.

Es importante involucrar a los trabajadores en la implementación de las metodologías industriales. Esto se puede lograr a través de la comunicación efectiva de los objetivos y beneficios de la implementación, así como a través de la participación en equipos de mejora continua.

La gestión del cambio es fundamental para el éxito de la implementación de metodologías industriales. Es importante establecer un plan de comunicación y gestión del cambio que permita involucrar a los trabajadores y que facilite la transición a las nuevas prácticas.

Es recomendable definir los indicadores de desempeño antes de la implementación de las metodologías industriales. Estos indicadores deben ser relevantes, medibles y alineados con los objetivos de la empresa. Además, es importante establecer un plan de seguimiento y evaluación de los indicadores de desempeño.

La retroalimentación es un componente clave para la mejora continua de los procesos productivos. Es importante establecer canales de retroalimentación para que los trabajadores puedan proporcionar comentarios y sugerencias sobre los procesos productivos. Estos comentarios deben ser tomados en cuenta en la implementación de mejoras.

La implementación de metodologías industriales no es un proceso único. Es importante establecer un plan de mejora continua que permita la evolución de las prácticas y la incorporación de nuevas metodologías o prácticas que permitan una mayor eficiencia y calidad en los procesos productivos.

Es recomendable establecer alianzas estratégicas con proveedores y clientes que permitan la implementación de prácticas sostenibles y de mejora continua en toda la cadena de suministro.

Conclusión

La implementación de metodologías industriales es una herramienta clave para mejorar la eficiencia y la calidad de los procesos productivos en las empresas. La metodología Lean Manufacturing, Six Sigma y la Producción Más Limpia son algunas de las metodologías más utilizadas en la industria.

La implementación de estas metodologías requiere un enfoque sistémico, una participación activa de los trabajadores, la formación y capacitación continua de los mismos, la gestión del cambio, la definición de indicadores de desempeño y la retroalimentación constante.

Es importante que las empresas evalúen sus necesidades específicas y determinen cuál es la metodología más adecuada para satisfacerlas. Además, es fundamental establecer un plan de mejora continua que permita la evolución de las prácticas y la incorporación de nuevas metodologías o prácticas que permitan una mayor eficiencia y calidad en los procesos productivos.

En resumen, la implementación de metodologías industriales es un proceso continuo y dinámico que requiere compromiso, colaboración y participación activa de todos los niveles de la organización. La implementación efectiva de estas metodologías puede conducir a una mejora significativa en la eficiencia, calidad y sostenibilidad de los procesos productivos de las empresas.

ACERCA DEL AUTOR

Ingeniero Industrial y de Sistemas

Maestría en Administración con Calidad y Productividad

3 Certificaciones

2 Estudios Técnicos

Más de 20 cursos de capacitación

Ganador del Singapore Cooperation Programme (ITE)

Instructor, ingeniero, creador de contenido y escritor.
Descubre la industria moderna de la mano del ingeniero más polémico.
Taller del inge

I. Laisequilla

Author / Engineer

LIBROS RELACIONADOS

La biblia de la Ingeniería Industrial

Desde la gestión de la producción hasta la optimización de procesos, pasando por la ingeniería de métodos y tiempos, este libro cubre los aspectos más importantes de la ingeniería industrial.

Formatos disponibles: físico, ebook y audiolibro

todo sobre Manufactura Industrial

Un recurso esencial para aquellos que buscan aplicar técnicas avanzadas en manufactura industrial, destacando principios teóricos y estrategias efectivas de optimización de procesos.

Formatos disponibles: físico, ebook y audiolibro

todo sobre Lean Six Sigma

Una guía completa y práctica para aquellos que deseen implementar esta metodología en su organización. Con enfoque detallado en los principios y fundamentos teóricos.

Formatos disponibles: físico, ebook y audiolibro

ENCUENTRA TAMBIÉN

todo sobre Calidad Industrial

FMEA, SPC, MSA, APQP, FMECA, Kaizen, Lean, ISO 9001, ISO 14001, ISO 45001, entre otras. Explicados de manera accesible y fácil de entender.

Formatos disponibles: físico, ebook y audiolibro

todo sobre Cadena de Suministro

Un recurso esencial para comprender y optimizar la cadena de suministro, abordando desde sus fundamentos hasta tecnologías emergentes como blockchain, inteligencia artificial e IoT, que transforman la industria.

Formatos disponibles: físico, ebook y audiolibro